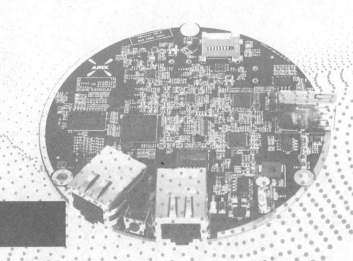

前言

　　随着人工智能、大数据、云计算、物联网等信息技术的快速发展，Linux 操作系统的作用和重要性越来越明显，应用范围也越来越广泛。本书作为一本基于"项目驱动、任务导向"的 Linux 基础教材，秉持"理论联系实际，对接岗位需求"的教学理念。本书设计了一个企业应用需求，并将这个应用需求贯穿全书，通过一名刚参加工作的网络运维工程师的视角，由浅入深地引出一个个知识点和技能点，系统地介绍了 Linux 操作系统选型、操作系统安装、用户管理、磁盘管理、服务器搭建、系统运维等岗位技能需求。

　　全书按照职业院校学生的学习特点进行教学内容设计和知识点设计，内容循序渐进、语言通俗易懂、实验步骤清晰明了，方便教师教学和学生学习。本书包括 8 个任务、12 个实验项目，采用 CentOS 9 作为讲解平台，详细地介绍了 Linux 操作系统安装、Linux 操作系统用户管理、Linux 网络及防火墙配置、Linux 操作系统下的软件管理、Linux Shell 管理、Linux 操作系统磁盘管理、Web 服务器配置、DNS 服务器配置等知识点。每个任务开始时都会提出问题，方便学生进行课前自测，从而让学生带着问题去学习，以提高学习效率。任务完成后还安排了有针对性且具有一定开放性的问题进行任务巩固，并对任务进行了总结，让学生可以理论联系实际应用，将所学知识融会贯通。

　　本书由时瑞鹏担任主编并统稿，任务一、任务三、任务八由时瑞鹏编写，任务二由马莉编写，任务四由朱晓彦、白树成编写，任务五由陈玉勇、牛景辉编写，任务六由刘建宇编写，任务七由康健、唐宏编写。在本书编写过程中，参考了很多国内外的著作和文献，在此对著作者致以由衷的谢意。同时得到了很多人的帮助和支持，在这里一并感谢。

　　由于编者水平有限，书中难免存在不足之处，欢迎广大读者批评指正。

编　者

目录

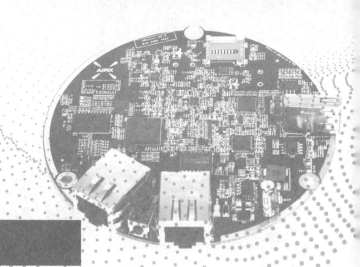

任务一

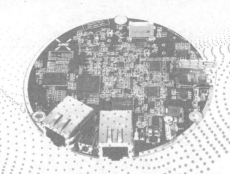

Linux 操作系统安装

任务背景及目标

　　小张毕业后来到一家互联网公司从事网络系统搭建及运维工作。为了提高工作效率，方便员工进行资源共享和信息发布，公司准备架设一台 Web 服务器。这个工作交给了工程师老李和小张来完成。

　　小张：李工，咱们要架设一台 Web 服务器，都需要做什么准备工作呀？

　　老李：这个 Web 服务器不对外提供网络服务，只是给公司内部员工使用。可以使用物理服务器，也可以使用虚拟机来完成，咱们公司只有 20 多个员工，所以在服务器上创建一个虚拟机就可以了，不需要再购买新的物理服务器。

　　小张：嗯，这样很好，既节约了成本，又方便管理。那咱们使用什么操作系统来完成呢？

　　老李：小张，你大学学的就是计算机网络技术专业，你说说，咱们用什么操作系统更好呢？

　　小张：Windows 是微软公司开发的图形桌面操作系统，使用方便，但是咱们公司的 Windows 都是个人版的 Windows 7 和 Windows 10，没有服务器版本的 Windows Server 2016。而且 Windows 操作系统相对于 Linux 操作系统需要的资源更多，咱们使用虚拟机来做服务器，我觉得使用 Linux 操作系统更好一些。

　　老李：不错，不愧是学计算机网络技术的高材生，除了你说的这些，Linux 操作系统是开源的，可以根据用户需要修改源代码，安全性和开放性更好。咱们就选择使用 CentOS 9 来搭建这个 Web 服务器。

　　小张：好的，那咱们的第一个任务是做什么呢？

　　老李：第一步当然是进行 Linux 操作系统的安装，了解 Linux 操作系统的常用命令了。这个工作就交给你来完成了。

　　小张：好的，李工，保证完成任务。

职业能力目标

- 了解 Linux 操作系统的体系结构
- 掌握使用 VMware Workstation 创建虚拟机的方法
- 掌握 CentOS 9 操作系统的安装方法
- 掌握 Linux 操作系统的常用命令

● 知识结构 ●

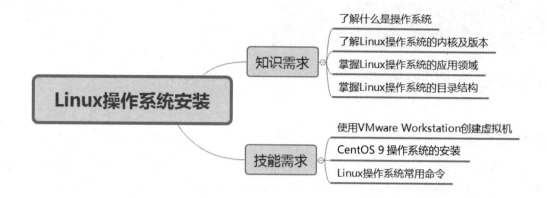

● 课前自测 ●

- 什么是操作系统？操作系统有哪些作用？常用的操作系统有哪些？
- Linux 操作系统有哪些特点？
- 什么是开源软件？
- 如何查看 Linux 操作系统的内核版本信息？

1.1 操作系统简介

1.1.1 什么是操作系统

操作系统（Operating System，简称 OS）是管理和控制计算机硬件与软件资源的计算机程序，是直接运行在"裸机"上的最基础的系统软件，任何其他软件都必须在操作系统的支持下才能运行。操作系统是用户和计算机交互的接口，也是计算机硬件和其他软件交互的接口。操作系统的功能包括管理计算机系统的硬件、软件及数据资源，控制程序运行，改善人机界面，为其他软件提供支持等。为了使计算机管理的资源能够最大限度地发挥作用，操作系统提供了各种形式的用户界面，为用户提供了一个友好的工作环境，为其他软件的开发提供必要的服务和接口。实际上，用户是不用接触操作系统内核的，操作系统管理着计算机硬件资源，同时按照应用程序的资源请求，为其分配资源，如分配 CPU 的使用，开辟内存空间，调用打印机等。图 1-1 所示为操作系统在整个计算机应用过程中所处的位置，其中接口与内核这两层就是操作系统。

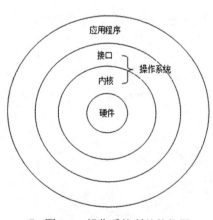

◎ 图 1-1 操作系统所处的位置

操作系统是一种计算机程序。计算机启动后，最先执行的软件就是操作系统。操作系统将自身加载到内存中，便开始管理计算机上的可用资源。然后，操作系统将这些资源提供给用户要执行的其他应用程序。操作系统提供的典型服务包括以下几种。

- 任务计划程序：任务计划程序能够将 CPU 的执行分配给很多不同的任务。这些任务中，有些是用户运行的各种应用程序，有些是操作系统任务。任务计划程序是操作系统的一部分，有了这个程序，用户可以一边在文字处理程序窗口中打印文档，一边在另一个窗口中下载文件，同时可以在第三个窗口中使用电子表格或者玩游戏。
- 内存管理器：内存管理器的作用是控制系统的 RAM（随机存取存储器，也叫内存）分配，还可以使用硬盘上的存储空间，创建较大的虚拟内存空间。
- 磁盘管理器：磁盘管理器用于创建并维护磁盘上的目录和文件。请求文件时，磁盘管理器会将文件从磁盘上取出。
- 网络管理器：网络管理器用于控制计算机和网络之间传输的所有数据。
- 其他 I/O 服务管理器：I/O 服务管理器用于控制键盘、鼠标、显示器、打印机等计算机的输入 / 输出设备。
- 安全管理器：安全管理器用于维护计算机文件的信息安全，对哪些用户可以访问计算机进行严格的控制。

内核是操作系统的心脏，是运行程序和管理硬件设备的核心程序。操作系统向用户提供一个操作界面，从用户那里接收命令，并且把命令传送给内核去执行。因为内核提供的都是操作系统最基本的功能，所以如果内核发生问题，那么整个计算机系统都可能会崩溃。

操作系统在内核与用户之间提供的操作界面，可以被描述为一个解释器。操作系统先对用户输入的命令进行解释，再将其发送到内核中。Linux 操作系统提供多种操作界面，包括桌面、窗口管理器和命令行 Shell。Linux 操作系统中的每个用户都可以拥有自己的用户操作界面，并且可以根据个人需求进行定制。

Shell 是一个命令解释器，它负责解释由用户输入的命令，并且把它们送到内核中。不仅如此，Shell 还有自己的编程语言用于命令的编辑，它允许用户编写由 Shell 命令组成的程序。用这种语言编写的 Shell 程序与其他应用程序具有同样的效果。

1.1.2　操作系统的作用

操作系统是安装在计算机硬件上的第一层软件系统，其作用主要包括以下几点。

1. 操作系统是用户与计算机硬件之间的接口

可以认为操作系统是对计算机硬件的第一次扩充，是将不同的硬件平台变成统一的、兼容的平台，也就是说不管用户的计算机硬件是联想的，还是戴尔的，只要都安装了同一操作系统，那么它们呈现给用户的操作界面就是相同的。用户通过操作系统来使用计算机，操作系统为用户提供了一个标准统一的操作和管理平台，使用户能够方便、可靠、安全、高效地操作计算机硬件和运行用户的应用程序。

2. 操作系统是计算机系统的资源管理者

在计算机系统中，能分配给用户使用的各种硬件和软件设施总称为资源。资源包括两大类：硬件资源和信息资源。其中，硬件资源包括处理器、存储器、I/O 设备等，信息资源包括程序和数据等。操作系统的主要任务之一是对资源进行抽象，找出各种资源的共性和个性，有序地管理计算机中的硬件、软件资源，跟踪资源使用情况，监视资源的状态，满足用户对资源的需求，协调各程序对资源的使用情况；还有就是研究使用资源的统一方法，为用户提供简单、有效的资源使用手段，最大限度地实现各类资源的共享，提高资源利用率。

资源管理是操作系统的一项主要任务，控制程序执行、扩充机器功能、提供各种服务、方便用户使用、组织工作流程、改善人机界面等都可以从资源管理的角度去理解。下面就从资源管理的角度去介绍操作系统的主要功能。

（1）处理器管理

处理器是计算机硬件中最核心的部件，它的性能直接决定了计算机的性能。对处理器进行管理的第一项工作是处理中断事件。硬件只能发现中断事件，捕捉它并产生中断信号，但不能进行处理。配置了操作系统，就能对中断事件进行处理。

处理器管理的第二项工作是处理器调度。处理器是计算机系统中最宝贵的资源，应该最大限度地提高处理器的利用率。在单用户单任务的情况下，处理器仅为一个用户的一个任务所独占，此时的处理器管理工作十分简单。为了提高处理器的利用率，操作系统采用了多道程序设计技术。在多道程序和多用户的情况下，组织多个作业或任务执行时，就要解决处理器的调度、分配和回收等问题。还有近年来出现的各种各样的多处理器系统，更是让处理器的管理难上加难。为了实现处理器管理的功能，描述多道程序的并发执行，操作系统引入了进程（process）的概念，处理器的分配和执行都是以进程为基本单位的；随着并行处理技术的发展，为了进一步提高系统并行性，使并发执行单位的粒度变细，并发执行的代价降低，操作系统又引入了线程（thread）的概念。对处理器的管理和调度最终都可以归结为对进程和线程的管理和调度，包括以下几点。

- 进程控制和管理。
- 进程同步和互斥。
- 进程通信。
- 进程死锁。
- 线程控制和管理。
- 处理器调度。

正是由于操作系统对处理器的管理策略不同，导致其提供的作业处理方式也各不相同，如批处理方式、分时处理方式、实时处理方式等。这样，最终呈现在用户面前的就是具有不同处理方式和不同特点的操作系统。

（2）存储管理

存储管理的主要任务是管理存储器资源，为多道程序运行提供有力的支撑，便于用户使用所存储的资源，提高存储空间的利用率。存储管理的主要功能包括以下几点。

- 存储分配。存储管理将根据用户程序的需要分配给它存储器资源，这是多道程序能并发执行的首要条件。
- 存储共享。存储管理能让内存中的多个用户程序实现存储资源的共享，以提高存储器的利用率。
- 地址转换与存储保护。存储管理负责把用户的逻辑地址转换成物理地址，同时要保证各个用户程序相互隔离起来互不干扰，还要禁止用户程序访问操作系统的程序和数据，从而保护系统和用户程序存放在存储器中的信息不被破坏。

- 存储扩充。由于受到处理器寻址能力的限制，一台计算机的物理内存容量总是有限的，难以满足用户大型程序的需求，而外存储器（如硬盘）容量大且价格便宜。存储管理能从逻辑上扩充内存储器，把内存储器和外存储器混合起来使用，为用户提供一个比实际内存容量大得多的逻辑编程空间，方便用户的编程和使用。

操作系统的这一部分功能与硬件存储器的组织结构和支撑设施密切相关，操作系统设计者应根据硬件情况和用户使用需要，采用各种有效的存储资源分配策略和保护措施。

（3）设备管理

设备管理的主要任务是管理计算机的各类外围设备，完成用户提出的 I/O 请求，加快 I/O 信息的传送速度，发挥 I/O 设备的并行性特点，提高 I/O 设备的利用率，以及提供每种设备的驱动程序和中断处理程序，为用户隐蔽硬件细节，提供方便简单的设备使用方法。为实现上述这些任务，设备管理应该具有以下功能。

- 提供设备的控制与管理。
- 提供缓冲区的管理。
- 保证设备的独立性。
- 负责外围设备的分配和回收。
- 实现共享型外围设备的驱动共享。
- 实现虚拟设备。

（4）文件管理

上述三种管理是针对计算机硬件资源的管理，文件管理则是针对系统中信息资源的管理。现代计算机中通常把程序和数据以文件的形式存储在外存储器上，供用户使用，这样外存储器上保存了大量文件，对这些文件如不能采取良好的管理方式，就会导致信息管理混乱并造成严重的后果。为此，操作系统中配置了文件管理，它的主要任务是对用户文件和系统文件进行有效管理，实现按名存取，实现文件的共享、保护和保密，保证文件的安全性，并为用户提供一整套能方便使用文件的操作和命令。具体来说，文件管理要完成以下任务。

- 提供文件逻辑组织方法。
- 提供文件物理组织方法。
- 提供文件存取方法。
- 提供文件使用方法。
- 实现文件的目录管理。
- 实现文件的共享和存取控制。
- 实现文件的存储空间管理。

（5）网络通信管理

计算机网络源于计算机与通信技术的组合，当今，计算机网络的应用无处不在。没有网络的支持，计算机的应用能力会大大受限，因此，操作系统要提供网络的通信管理，具体有如下功能。

- 网上资源管理功能。计算机网络的主要目的之一是共享资源，操作系统应该能实现网络资源的共享，管理用户应用程序对资源的访问，保证信息资源的安全性和完整性。
- 数据通信管理功能。计算机联网后可以互相传输数据。操作系统应该能够通过通信软件，按照通信协议的规定进行通信链路的建立、维护和断开，完成网络上计算机之间的数据通信。

- 网络管理功能。网络管理功能包括对网络的故障管理、安全管理、性能管理、记账管理和配置管理等。

（6）用户接口

为了使用户能灵活、方便地使用计算机和系统功能，操作系统还提供了一组友好的使用其功能的手段，称为用户接口，它包括两大类：程序接口和操作接口。用户通过这些接口能方便地调用操作系统功能，有效地组织作业及其工作和处理流程，并使整个系统高效地运行。

3. 操作系统为用户提供虚拟计算机（Virtual Machine）

在计算机应用的初期，人们就开始意识到必须找到某种方法把硬件的复杂性与用户隔离开来，经过不断的探索和研究，目前采用的方法是在计算机的物理硬件上加上一层虚拟化层，同时为用户提供一个容易理解和易于使用的接口。在操作系统中，把硬件细节隐藏并把它与用户隔离开来的情况处处可见。例如，I/O 管理软件、文件管理软件和窗口软件向用户提供了方便使用的界面，但隐藏了对硬件细节的操作，用户打印一个文档，只需在软件中单击"打印"按钮即可，而不用去管计算机是如何控制打印机，以及如何与打印机进行通信的。由此可见，当计算机安装了操作系统后，可以扩展基本功能，为用户提供一台功能显著增强，使用更加方便，安全可靠性更高，效率明显提升的机器，对用户来说就好像使用的是一台与裸机不同的虚拟计算机。

1.1.3 常见的操作系统

操作系统是管理计算机硬件资源，控制其他程序运行并为用户提供交互操作界面的系统软件的集合，是计算机系统中最关键的组成部分。操作系统的种类很多，目前主要的操作系统包括 Windows、Linux、macOS 等。除通用的计算机操作系统外，很多嵌入式设备也都有操作系统，比如智能手机、平板电脑等，主要的嵌入式操作系统有 Android 和 iOS。下面简要地介绍一下常见的操作系统。

1. Windows 操作系统

Windows 操作系统的产生，对计算机的普及和发展都起到了非常重要的作用。它是由微软公司推出的第一款向用户提供视窗界面的 PC 操作系统。在此之前，用户对计算机的操作主要是通过命令的方式来完成的，这就要求使用者要先接受严格的学习训练，之后才能熟练地使用和操作计算机。Windows 操作系统出现后，因其可视性强，操作简单，迅速获得了广大计算机用户的喜爱。Windows 操作系统可以分为两大类：一类是针对个人用户的版本，比如 Windows 7、Windows 10 等；另一类是针对服务器的版本，如 Windows Server 2016、Windows Server 2018 等。直到今天，Windows 操作系统仍是 PC 中应用最为广泛的操作系统。

Windows 操作系统的主要优点有以下几方面。

（1）图形化操作界面，使用方便，操作简单

Windows 是第一款采用图形化界面的操作系统，初学者可以快速地掌握 Windows 操作系统的基本操作。经过多年的经验积累及总结，Windows 操作系统中提供了丰富的操作功能和快捷操作技巧，用户对计算机的使用变得轻松简单。

（2）拥有庞大的生态系统

经过多年的累积与发展，Windows 操作系统已经形成了庞大的生态系统，从操作系统到

中间件、开发工具、应用程序、服务器组件、数据库、虚拟化、云计算、大数据、人工智能、移动应用、嵌入式应用等领域，Windows 操作系统都能提供丰富的应用和技术支持。

（3）功能丰富、兼容性良好

Windows 操作系统的不断发展和完善，使其功能越来越丰富，而且与其他系统和平台有良好的兼容性。Windows 操作系统注重用户操作界面的友好性和个性化定制，Windows Server 操作系统几乎可以提供全部因特网上的网络服务。

（4）对硬件支持良好，兼容大部分主流的硬件系统

硬件的良好适应性是 Windows 操作系统的一个重要特点。Windows 操作系统支持多种硬件平台，为操作系统功能拓展提供了良好的支撑。另外，Windows 操作系统也支持多种硬件的热插拔，方便了用户的使用。

当然，Windows 操作系统也存在一些不足，主要表现在以下几个方面。

（1）操作系统内核是不开源的

Windows 操作系统并没有开放内核源代码，这就造成一些需要修改操作系统内核的虚拟化技术无法应用。另外，操作系统的内核不开源，对于其使用者来说还是存在一定的安全隐患的。

（2）使用成本高昂

Windows 操作系统是一款商业软件，使用时需要支付高昂的版权费用。相比于 Linux 操作系统这样的开源软件来说，其使用成本较高。

（3）系统开销较大，效率不高

因为 Windows 操作系统提供了丰富的图形化界面以及各种中间件和开发框架，所以其应用需要较大的资源消耗，对硬件的配置需求也越来越高，但其应用程序的执行速度与执行效率并不高。

（4）安全性有待加强

因为 Windows 操作系统的内核不开源，加之其支持的应用非常多，这就导致其面临的安全威胁和安全攻击也很多。一系列基于 Windows 操作系统的安全事件不断发生，给用户带来了不小的经济损失。

（5）对移动应用的支持能力不足

微软公司曾针对智能手机推出过 Windows Phone 操作系统，但其市场占有率远不如 Android 和 iOS 操作系统。

2．Linux 操作系统

Linux 操作系统是一个完全从网络上开发出来的操作系统，非常适合于互联网的应用，这从其支持的应用及服务、软件的安装与使用上就可以看得出来。与 Windows 操作系统相比，Linux 操作系统具有稳定高效、开源免费、漏洞少且修补快速、更加安全的用户及文件权限策略、适合小内核程序的嵌入式系统、资源消耗小等特点。

Linux 操作系统的主要优点表现在以下几个方面。

（1）开源免费

Linux 操作系统遵循 GPL 协议，用户享有运行、学习、共享和修改软件的自由。开源软件已经形成了良性循环的生态，具有以下 4 个关键性的优势。

• 低风险：使用闭源软件无疑是把自己的命运交付到他人手中，一旦封闭的源代码存在

安全漏洞或系统开发人员想对用户进行制裁，用户只能束手就擒，而开源软件就不存在这些问题。

- 高品质：相较于闭源软件产品，开源项目通常是由开源社区来研发和维护的，参与编写、维护、测试的用户数量众多，一般的 Bug 还没等暴发就已经被修补。
- 低成本：开源工作者大多都是在幕后默默且无偿地付出劳动，为开发出高品质的应用贡献力量，因此使用开源社区推动的软件项目可以节省大量的人力、物力和财力。
- 更透明：使用开源软件开发的新应用，也需要公布源代码，因此开发者没有机会在系统中预设后门等，从而使系统更透明。

（2）系统兼容性良好

Linux 操作系统因为其开源性，受到广大计算机用户的喜爱，与大部分平台和系统应用都有良好的兼容性，基于 Linux 平台开发的应用程序也是数不胜数，几乎涵盖了计算机应用的各个方面。

（3）对虚拟化、云计算、大数据、人工智能等领域支持良好

计算机系统正在朝着虚拟化、云计算、大数据、人工智能等领域发展，而 Linux 操作系统无疑对这些领域的应用和支持更加有力，像基于 KVM、Xen 等的虚拟化技术、OpenStack 云平台、TensorFlow 开发框架、SDN/NFV 网络应用、Docker 容器技术等，都离不开 Linux 操作系统的强有力支持。

（4）对嵌入式设备支持良好

因为 Linux 小巧、功能丰富，适合于智能手机、物联网嵌入式设备等的操作系统应用。我们生活中用到的各种智能设备，大部分都是使用 Linux 操作系统进行支持的。

Linux 操作系统的不足之处主要表现在以下两个方面。

（1）版本较多，组件兼容性存在一定的问题

测评 Linux 操作系统的性能、兼容性等主要看 Linux 操作系统的内核，但普通用户无法对内核直接进行操作和使用，还是要通过各种 Linux 发行版本进行操作。而 Linux 发行版本众多，不同版本在使用上存在一定的差异，这就给用户的使用带来了一定的麻烦。另外，Linux 操作系统支持各种开源应用，有些开源应用刚开发出来时，对一些相关的软件有一定的版本要求，如果不能满足，会造成应用无法正常运行的情况。

（2）操作界面不够友好

Linux 操作系统为了保证执行效率，其大部分操作还是基于命令行来完成的，因此 Linux 的用户界面在功能上、稳定性上、操作方便性上还未达到 Windows 操作系统的水平。

3. Android 操作系统

Android（安卓）操作系统是一种基于 Linux 内核（不包含 GNU 组件）的自由及开源的操作系统，它是由谷歌公司开发的专门应用于智能手机及嵌入式设备的操作系统。

随着移动网络应用越来越普及，智能手机和嵌入式设备应用越来越丰富，Android 作为主要的操作系统，其重要性也越发显现出来。Android 操作系统的主要优缺点介绍如下。

免费性和开放性是 Android 操作系统的最主要特点。对比其他操作系统，Android 操作系统服务是免费和开放的，在第三方软件开发时，为软件开发者提供了发展空间。因为对第

三方软件应用与安装有着良好的开放性，同时鼓励开发者对 Android 操作系统的开发，使得 Android 产业链非常丰富，应用十分普及。不同企业和开发者不断加入开放性手机联盟中，推出了许多独特的产品，这些独特的产品有着价格低、功能多、样式多等特点，受到了广大消费者的欢迎和追捧，增加了许多用户，进一步使 Android 操作系统得到发展。

Android 操作系统的主要缺点是系统的安全性及稳定性不足。因为很多软件是开源的，App 上线审核相对宽松，存在着一定的安全隐患，有些应用执行效率不高。

4. 麒麟操作系统

一个国家要想实现信息安全，拥有完全自主知识产权的操作系统是一个重要的保障。我国已经开发出了一些完全国产化的操作系统，其中，麒麟（Kylin）操作系统是优秀的代表。

银河麒麟（KylinOS）是在"863 计划"和国家核高基科技重大专项支持下，由国防科技大学组织研发的操作系统，后由国防科技大学将品牌授权给天津麒麟信息技术有限公司，后者在 2019 年与中标软件有限公司强强联合，成立了麒麟软件有限公司（后简称麒麟软件），继续研发该操作系统。

2021 年 10 月 27 日，麒麟软件正式发布银河麒麟桌面操作系统 V10 SP1。该操作系统是图形化桌面操作系统，现已适配国产主流软硬件产品，同源支持飞腾、鲲鹏、海思麒麟、龙芯、申威、海光、兆芯等国产 CPU 和 Intel、AMD 平台，对功耗管理、内核锁及页拷贝、网络、VFS、NVME 等功能进行了深入优化。其软件商店内包括自研应用和第三方商业软件在内的各类应用，同时提供 Android 兼容环境（Kydroid）和 Windows 兼容环境，还支持多 CPU 平台的统一软件升级仓库、版本在线更新功能。相信随着相关应用的普及，麒麟操作系统会为我国信息化技术发展做出重要贡献。

1.2 Linux 操作系统简介

1.2.1 Linux 操作系统的产生和发展

20 世纪 80 年代，计算机硬件的性能不断提高，PC 的市场不断扩大，当时可供计算机选用的操作系统主要有 UNIX、DOS 和 macOS 等。UNIX 主要用于服务器，不能运行于 PC，而且价格昂贵；DOS 是单用户操作系统，采用命令行方式进行输入 / 输出操作，使用起来非常不方便，且源代码被软件厂商严格保密；macOS 是一种专门用于苹果计算机的操作系统。此时，计算机科学领域迫切需要一个更加完善、强大、廉价和完全开放的操作系统。

1987 年，美国教授安德鲁·S. 塔嫩鲍姆（Andrew S.Tanenbaum）编写了一个操作系统，名为 MINIX，为的是向学生讲述操作系统内部工作原理。MINIX 虽然很好，但只是一个用于教学的简单操作系统，而不是一个强有力的实用操作系统，好在它公开了源代码。当时世界上很多计算机专业的学生都通过钻研 MINIX 源代码来了解计算机里运行的 MINIX 操作系统，芬兰赫尔辛基大学二年级的学生莱纳斯·托瓦尔兹（Linus Torvalds）就是其中一个，他在吸收了 MINIX 精华的基础上，于 1991 年写出了属于自己的 Linux 操作系统，版本为 Linux 0.01，这是 Linux 时代开始的标志。后来他利用 UNIX 的核心，将其改写成适用于一般计算机的 x86 系统，并放在网络上供大家下载、修改。这一举动引起了许多程序员的关注，大家不断对系统进行修改和优化，终于在 1994 年推出了完整的核心 Version 1.0。至此，Linux 逐渐成为功能完善、稳定的操作系统，并被广泛使用。

1.2.2　GNU 计划和开源软件

Linux 操作系统的发展离不开 GNU 计划。GNU 计划是由理查德·斯托尔曼（Richard Stallman）在 1983 年 9 月 27 日公开发起的，它的目标是创建一套完全自由的操作系统。为保证 GNU 软件可以自由地使用、复制、修改和发布，所有 GNU 软件都包含一份在禁止其他人添加任何限制的情况下，授权所有权利给任何人的协议条款，即 GNU 通用公共许可证（GNU General Public License，GPL）。

一个软件在挂上 GPL 版权宣告之后，便成了自由软件，此时用户对该软件享有如下的权利。

- 取得软件与源代码：可以在开源社区获取自由软件以及软件的源代码。
- 复制：可以自由地复制该软件。
- 修改：可以将取得的源代码进行修改，使之适合用户的工作。
- 再发行：可以将修改过的程序再度自由发行，而不会与原先的撰写者冲突。

- 回馈：将修改过的程序代码回馈于社区。

需要特别说明的是，不能单纯地售卖自由软件，任何一个自由软件都不应该在修改后而取消 GPL 授权。GNU 的标志如图 1-2 所示。

Linux 操作系统刚一出现在因特网上，就受到广大的 GNU 计划追随者们的喜欢，他们将 Linux 操作系统加工成了一个功能完备的操作系统，称为 GNU Linux。

◎ 图 1-2　GNU 的标志

1.2.3　Linux 操作系统版本简介

Linux 操作系统的版本分为内核版本和发行版本两种。

1. 内核版本

内核是系统的心脏，是运行程序和管理磁盘、打印机等硬件设备的核心程序，它提供了一个在裸设备与应用程序间的抽象层。Linux 内核的开发和规范制定一直由莱纳斯领导的开发小组负责，版本也是唯一的。开发小组每隔一段时间会公布新的版本或其修订版。

Linux 内核的版本号命名是有一定规则的，版本号的格式通常为"主版本号.次版本号.修正号"。主版本号和次版本号标志着重要的功能变动，修正号表示较小的功能变更。以 6.3.5 版本为例，6 代表主版本号，3 代表次版本号，5 代表修正号。其中，次版本号还有特定的意义：如果是偶数数字，表示该内核是一个可以放心使用的稳定版；如果是奇数数字，则表示该内核加入了某些测试的新功能，是一个内部可能存在着 Bug 的测试版。例如，6.3.5 表示一个测试版的内核，6.2.5 表示一个稳定版的内核。读者可到 Linux 内核官方网站下载最新的内核代码，如图 1-3 所示。

◎ 图 1-3　Linux 内核官方网站

2. 发行版本

仅有内核而没有应用软件的操作系统是无法使用的，所以许多公司或社区将内核、源代码及相关的应用程序组织构成一个完整的操作系统，让一般的用户可以简便地安装和使用 Linux 操作系统，这就是所谓的发行版本（Distribution），我们一般谈论的 Linux 操作系统便是针对这些发行版本的。目前各种发行版本超过 300 种，它们的发行版本号各不相同，使用的内核版本号也可能各不一样，现在最流行的套件有 Red Hat、CentOS、Fedora、openSUSE、Debian、Ubuntu、红旗 Linux 等。

实验一：使用 VMware Workstation 安装 CentOS 9

实验目标

- 掌握使用 VMware Workstation 创建虚拟机的方法
- 掌握 CentOS 系统的安装
- 掌握虚拟机网络配置
- 掌握虚拟机快照管理

实验任务描述

VMware Workstation 是一款桌面型虚拟化软件，可以安装在 Windows 操作系统或 Linux 操作系统中。使用 VMware Workstation 可以方便快捷地创建虚拟机，进行操作系统安装练习与使用。本实验将使用 VMware Workstation 16 Pro 进行 CentOS-Stream-9 的安装。

实验环境要求

- Windows 操作系统（建议使用 Windows 10）
- VMware Workstation 16 Pro
- CentOS-Stream-9.iso

实验步骤

第 1 步：新建虚拟机。打开 VMware Workstation，执行"文件"→"新建虚拟机"命令，如图 1-4 所示。

第 2 步：在弹出的"新建虚拟机向导"对话框中，选择"自定义（高级）"选项，然后单击"下一步"按钮，如图 1-5 所示。

◎ 图 1-4　新建虚拟机　　　　◎ 图 1-5　选择"自定义（高级）"选项

第 3 步：在"安装客户机操作系统"界面中，选择"稍后安装操作系统"选项，然后单击"下一步"按钮，如图 1-6 所示。

第 4 步：在"选择客户机操作系统"界面中选择"Linux"选项，再在"版本"下拉列表中选择 CentOS 版本（因为暂时还没有 CentOS 9，所以这里先选择"CentOS 8 64 位"选项），然后单击"下一步"按钮，如图 1-7 所示。

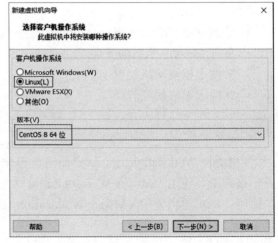

◎ 图 1-6　安装客户机操作系统　　　　◎ 图 1-7　选择客户机操作系统及版本

第 5 步：在"命名虚拟机"界面中，给虚拟机起一个名字，并指定存放的位置。读者可以根据具体实验环境配置相应的参数，然后单击"下一步"按钮，如图 1-8 所示。

第 6 步：在"处理器配置"界面中，填写处理器参数。虽然这里采用了虚拟化技术，但

并非参数值填得越大越好。为了能充分发挥虚拟机的性能，建议其参数配置与宿主物理机的参数配置相同，然后单击"下一步"按钮，如图 1-9 所示。

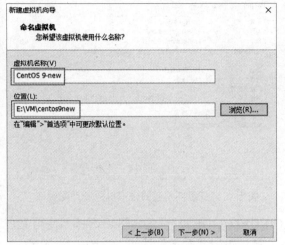

◎ 图 1-8　命名虚拟机

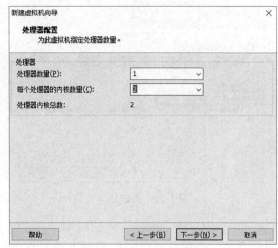

◎ 图 1-9　处理器配置

第 7 步：在"此虚拟机的内存"界面中，为此虚拟机分配 4GB 的内存，然后单击"下一步"按钮，如图 1-10 所示。

第 8 步：在"网络类型"界面中，选择 NAT 模式（当然也可以选择其他模式，具体每种模式有何特点，我们将在后面的操作中详细介绍），然后单击"下一步"按钮，如图 1-11 所示。

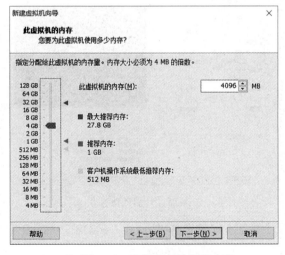

◎ 图 1-10　配置此虚拟机的内存

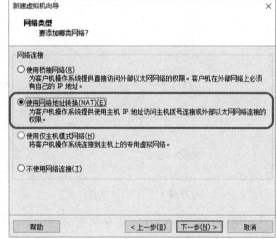

◎ 图 1-11　选择网络类型

第 9 步：没有特别说明的，可以采用默认值，直接单击"下一步"按钮，直到进入"指定磁盘容量"界面，为这台虚拟机分配 100GB 的磁盘大小，并选择"将虚拟磁盘拆分成多个文件"选项，然后单击"下一步"按钮，如图 1-12 所示。

第 10 步：继续单击"下一步"按钮，直至进入"已准备好创建虚拟机"界面，这时可以查看要创建的虚拟机硬件的配置情况，如图 1-13 所示。如果想要移除不需要的硬件，或者配置镜像文件等，可以单击"自定义硬件"按钮，在弹出的"硬件"对话框中操作。

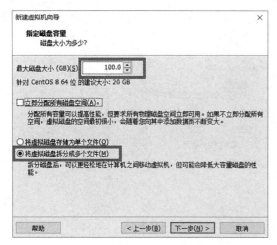

◎ 图 1-12 指定磁盘容量

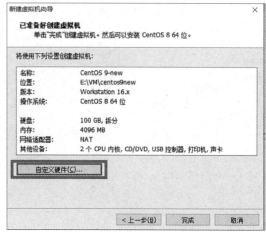

◎ 图 1-13 查看要创建的虚拟机的硬件配置情况

第 11 步：在"硬件"对话框中选择"新 CD/DVD（IDE）"设备，然后选择"使用 ISO 映像文件"选项，并指定 CentOS 9 的镜像文件。最后单击"关闭"按钮，如图 1-14 所示。

第 12 步：这时虚拟机已经创建完成，单击"开启此虚拟机"按钮，如图 1-15 所示。

◎ 图 1-14 指定镜像文件位置　　　　　　　　◎ 图 1-15 开启此虚拟机

第 13 步：进入 CentOS 9 的安装界面后，通过键盘方向键选择"Install CentOS Stream 9"选项，然后按 Enter 键，如图 1-16 所示。

第 14 步：进入安装过程所用语言选择界面，在这里选择以简体中文显示，然后单击"继续"按钮。

第 15 步：在"安装信息摘要"界面，先选择"安装目的地"选项，如图 1-17 所示。

进入"安装目标位置"界面后，选择将系统安装在本地标准磁盘上，然后单击"完成"按钮，如图 1-18 所示。

在返回的界面中选择"root 密码"选项，如图 1-19 所示。

◎　图 1-16　选择安装方式

◎　图 1-17　选择安装目的地

◎　图 1-18　选择本地标准磁盘作为安装目标位置

◎　图 1-19　设置 root 密码

在"Root 密码"和"确认"文本框中输入相同的 root 用户的密码（这个密码需要记住，后面操作时会使用），然后单击"完成"按钮，如图 1-20 所示。

单击"开始安装"按钮，如图 1-21 所示。

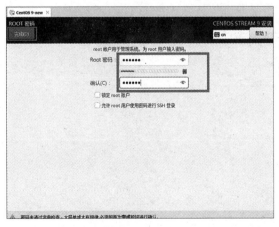

◎　图 1-20　输入 root 密码

◎　图 1-21　开始安装

第 16 步：安装过程需要十几分钟，安装完成后，单击"重启系统"按钮，如图 1-22 所示。

第 17 步：系统重启后，第一次登录需要对系统进行相关配置，单击"开始配置"按钮，如图 1-23 所示。

◎ 图 1-22　重启系统

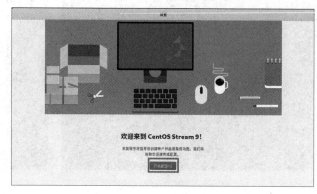

◎ 图 1-23　开始系统配置

第 18 步：为了保证系统安全，如非必要，不要使用 root 用户登录。在这里设置一个管理员账号进行系统登录，如图 1-24 所示，然后单击"前进"按钮。

◎ 图 1-24　设置管理员账号

第 19 步：为添加的用户设置密码，然后单击"前进"按钮，如图 1-25 所示。

◎ 图 1-25　设置密码

第 20 步：至此，完成系统设置，单击"开始使用 CentOS Stream"按钮，如图 1-26 所示。

◎ 图 1-26 完成系统配置

第 21 步：系统登录界面如图 1-27 所示，使用相应账户登录即可。CentOS 9 安装完毕。

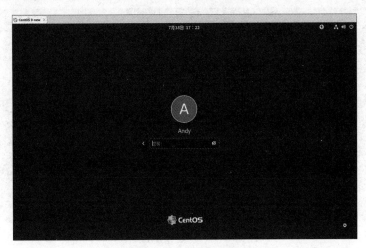

◎ 图 1-27 系统登录界面

实验二：Linux 常用命令应用

在 Windows 操作系统中，用户习惯使用图形化界面对计算机进行操作。Linux 操作系统现在也有性能良好、功能强大的图形化界面。但到目前为止，更多的 Linux 用户还是习惯于使用命令行的方式与 Linux 操作系统进行交互。本实验将学习 Linux 命令的使用方式及常用的 Linux 命令。

实验目标

- 了解 Linux 操作系统的命令行环境
- 掌握 Linux 操作系统命令的语法格式
- 掌握 Linux 操作系统常用的基本命令

实验任务描述

安装完 CentOS 9 后，小张登录到系统中，发现 Linux 的桌面环境与 Windows 的桌面环境有很大的区别。小张与老李沟通后，老李告诉他目前对 Linux 的大部分管理和操作还是通过命令行的方式完成的，所以应该先了解一些 Linux 常用命令的使用。

实验环境要求

• CentOS 9 操作系统

实验步骤

第 1 步：登录 CentOS 9，如图 1-28 所示。这时进入的是 CentOS 9 的桌面环境。在桌面环境下进入 Linux 的命令操作行界面有两种方法。

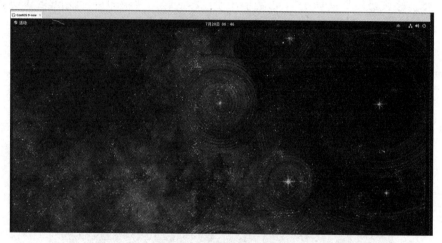

◎ 图 1-28 初次登录 CentOS 9

方法一：单击桌面左上角的"活动"按钮，然后单击下面出现的"终端"图标，如图 1-29 所示。

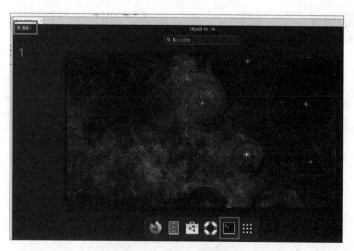

◎ 图 1-29 打开终端

这时就会打开 Linux 操作系统的命令行输入窗口，如图 1-30 所示。

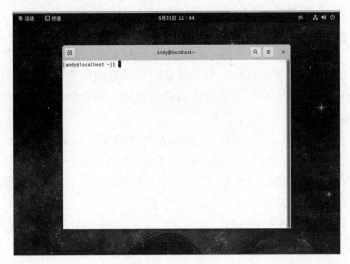

◎ 图 1-30　命令行输入窗口

方法二：在桌面上的搜索栏内输入"terminal"，然后单击出现的"终端"图标，如图 1-31 所示。

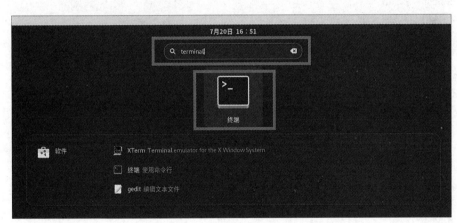

◎ 图 1-31　通过搜索方式打开终端

第 2 步：命令行提示符。

Linux 的命令行提示符有"#"和"$"两种，如果当前用户是 root，则其对应的提示符为"#"，其他所有用户对应的提示符都是"$"，如图 1-32 所示。

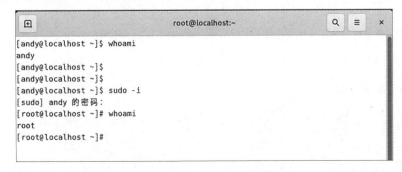

◎ 图 1-32　命令行提示符

第 3 步：命令语法格式。

Linux 操作系统命令的语法格式如下：

[andy@localhost ~]$ command[-options]parameter1 parameter2…

- 一行命令中第一个输入的部分是"命令（command）"或"可执行文件"。
- command 为命令的名称，例如，显示当前用户名称的命令是 whoami。
- [ ] 并不存在于实际的命令中，而加入参数设置时，通常参数前会带 - 号。[ ] 内的参数表示为可选项。
- parameter1 parameter2 …为依附在 options 后面的参数，或者是 command 的参数。
- 按下 Enter 键后，该命令就立即执行。按 Enter 键代表着一行命令的正式启动。
- 命令太长的时候，可以使用反斜杠（\）来转义回车符，使命令连续到下一行。反斜杠后立刻接特殊字符，才能转义。
- Linux 操作系统是区分大小写的。

第 4 步：基础命令的操作。

1. 显示日期与时间的命令 date

如果要显示当前日期与时间，直接执行 date 命令即可。

```
[andy@localhost ~]$ date
2022 年 07 月 20 日 星期三 20:53:23 CST
```

如果想要显示出指定格式的日期和时间，可以使用相关参数实现：

```
[andy@localhost ~]$ date +%Y/%m/%d
2022/07/21
[andy@localhost ~]$ date +%H:%M
20:08
```

2. 显示日历的命令 cal

如果要列出当前这个月（执行命令时的月份）的月历，直接执行 cal 命令即可。

```
[andy@localhost ~]$ cal
      七月 2022
一 二 三 四 五 六 日
            1  2  3
 4  5  6  7  8  9 10
11 12 13 14 15 16 17
18 19 20 21 22 23 24
25 26 27 28 29 30 31
```

如果想列出某一年整年的月历情况，可以使用 cal [年份] 的方式实现：

```
[andy@localhost ~]$ cal 2022
                    2022
      一月                二月                三月
一 二 三 四 五 六 日   一 二 三 四 五 六 日   一 二 三 四 五 六 日
```

```
              1  2        1  2  3  4  5  6        1  2  3  4  5  6
 3  4  5  6  7  8  9    7  8  9 10 11 12 13    7  8  9 10 11 12 13
10 11 12 13 14 15 16   14 15 16 17 18 19 20   14 15 16 17 18 19 20
17 18 19 20 21 22 23   21 22 23 24 25 26 27   21 22 23 24 25 26 27
24 25 26 27 28 29 30   28                     28 29 30 31
31
```

```
        四月                    五月                    六月
一 二 三 四 五 六 日    一 二 三 四 五 六 日    一 二 三 四 五 六 日
            1  2  3                      1           1  2  3  4  5
 4  5  6  7  8  9 10    2  3  4  5  6  7  8    6  7  8  9 10 11 12
11 12 13 14 15 16 17    9 10 11 12 13 14 15   13 14 15 16 17 18 19
18 19 20 21 22 23 24   16 17 18 19 20 21 22   20 21 22 23 24 25 26
25 26 27 28 29 30      23 24 25 26 27 28 29   27 28 29 30
                       30 31
```

```
        七月                    八月                    九月
一 二 三 四 五 六 日    一 二 三 四 五 六 日    一 二 三 四 五 六 日
            1  2  3    1  2  3  4  5  6  7           1  2  3  4
 4  5  6  7  8  9 10    8  9 10 11 12 13 14    5  6  7  8  9 10 11
11 12 13 14 15 16 17   15 16 17 18 19 20 21   12 13 14 15 16 17 18
18 19 20 21 22 23 24   22 23 24 25 26 27 28   19 20 21 22 23 24 25
25 26 27 28 29 30 31   29 30 31              26 27 28 29 30
```

```
        十月                   十一月                  十二月
一 二 三 四 五 六 日    一 二 三 四 五 六 日    一 二 三 四 五 六 日
                1  2          1  2  3  4  5  6           1  2  3  4
 3  4  5  6  7  8  9    7  8  9 10 11 12 13    5  6  7  8  9 10 11
10 11 12 13 14 15 16   14 15 16 17 18 19 20   12 13 14 15 16 17 18
17 18 19 20 21 22 23   21 22 23 24 25 26 27   19 20 21 22 23 24 25
24 25 26 27 28 29 30   28 29 30              26 27 28 29 30 31
31
```

cal 命令的语法格式如下：

$cal [[month] year]

如果想查看 2022 年 12 月份的月历，可以直接执行 $ cal 12 2022 命令，效果如下：

```
[andy@localhost ~]$ cal 12 2022
       十二月 2022
一 二 三 四 五 六 日
           1  2  3  4
 5  6  7  8  9 10 11
12 13 14 15 16 17 18
19 20 21 22 23 24 25
26 27 28 29 30 31
```

如果执行参数值有误的命令,那么会如何显示呢?比如并没有 15 月这个月份,但仍执行 $ cal 15 2022 命令,看一下执行效果:

```
[andy@localhost ~]$ cal 15 2022
cal: 月份值不合法:请使用 1-12
```

从上面可以看到,执行参数值有误的命令后,系统会提示用户月份值不合法,应使用 1 ～ 12 之间的参数值。

3. echo 命令

echo 命令用于在终端输出字符串或变量提取后的值,例如下面的代码:

```
[andy@localhost ~]$ echo Hello world
Hello world
[andy@localhost ~]$ echo $PATH
/home/andy/.local/bin:/home/andy/bin:/usr/local/bin:/usr/bin:/usr/local/sbin:/usr/sbin
```

4. reboot 和 poweroff 命令

reboot 命令用于重启系统,poweroff 命令用于关闭系统。由于重启或关闭系统都会涉及硬件资源的管理权限,因此默认只能使用管理员用户 root 来重启。

```
[andy@localhost ~]$ reboot
Failed to set wall message, ignoring: Interactive authentication required.
Failed to reboot system via logind: Interactive authentication required.
Failed to open initctl fifo: 权限不够
Failed to talk to init daemon.
[andy@localhost ~]$ poweroff
Failed to set wall message, ignoring: Interactive authentication required.
Failed to power off system via logind: Interactive authentication required.
Failed to open initctl fifo: 权限不够
Failed to talk to init daemon.
[andy@localhost ~]$ sudo -i
[sudo] andy 的密码:
[root@localhost ~]# reboot
```

5. ps 命令

ps 命令用于查看系统中的进程状态。Linux 操作系统中时刻运行着许多进程,如果能合理地管理它们,可以优化系统的性能。在 Linux 操作系统中,有 5 种常见的进程状态,分别是运行、中断、不可中断、僵死、停止,其各自含义介绍如下。

- 运行(R):进程正在运行或在运行队列中等待。
- 中断(S):进程处于休眠中,当某个条件形成后或接收到信号时,则脱离该状态。
- 不可中断(D):进程不响应系统异步信号,即便用 kill 命令也不能将其中断。
- 僵死(Z):进程已经终止,但进程描述符依然存在,直到父进程调用 wait4() 系统函数后将进程释放。

- 停止（T）：进程收到停止信号后停止运行。

执行 ps -aux 命令的显示结果如图 1-33 所示。

```
[andy@localhost ~]$ ps -aux
USER        PID %CPU %MEM    VSZ   RSS TTY      STAT START   TIME COMMAND
root          1  0.5  0.2 171656 16076 ?        Ss   09:39   0:01 /usr/lib/syst
root          2  0.0  0.0      0     0 ?        S    09:39   0:00 [kthreadd]
root          3  0.0  0.0      0     0 ?        I<   09:39   0:00 [rcu_gp]
root          4  0.0  0.0      0     0 ?        I<   09:39   0:00 [rcu_par_gp]
root          5  0.0  0.0      0     0 ?        I    09:39   0:00 [kworker/0:0-
root          6  0.0  0.0      0     0 ?        I<   09:39   0:00 [kworker/0:0H
root          7  0.0  0.0      0     0 ?        I    09:39   0:00 [kworker/0:1-
root          8  0.4  0.0      0     0 ?        R    09:39   0:01 [kworker/u256
root          9  0.0  0.0      0     0 ?        I<   09:39   0:00 [mm_percpu_wq
root         10  0.0  0.0      0     0 ?        I    09:39   0:00 [rcu_tasks_kt
root         11  0.0  0.0      0     0 ?        I    09:39   0:00 [rcu_tasks_ru
root         12  0.0  0.0      0     0 ?        I    09:39   0:00 [rcu_tasks_tr
root         13  0.0  0.0      0     0 ?        S    09:39   0:00 [ksoftirqd/0]
root         14  0.0  0.0      0     0 ?        I    09:39   0:00 [rcu_preempt]
root         15  0.0  0.0      0     0 ?        S    09:39   0:00 [migration/0]
root         16  0.0  0.0      0     0 ?        S    09:39   0:00 [cpuhp/0]
```

◎ 图 1-33　执行 ps -aux 命令的效果

6. man 命令

Linux 操作系统中的命令非常多，当用户不知道某命令的作用和用法时，可以使用 man 命令来查看该命令的详细用法。

例如，想查看 ps 命令的作用和用法，可以执行如下命令：

[root@localhost ~]# man ps

执行 man ps 命令的效果如图 1-34 所示。

```
PS(1)                                    User Commands                                    PS(1)

NAME
       ps - report a snapshot of the current processes.

SYNOPSIS
       ps [options]

DESCRIPTION
       ps displays information about a selection of the active processes.  If you want a repetitive update of the selection and
       the displayed information, use top instead.

       This version of ps accepts several kinds of options:

       1   UNIX options, which may be grouped and must be preceded by a dash.
       2   BSD options, which may be grouped and must not be used with a dash.
       3   GNU long options, which are preceded by two dashes.

       Options of different types may be freely mixed, but conflicts can appear.  There are some synonymous options, which are
       functionally identical, due to the many standards and ps implementations that this ps is compatible with.

       Note that ps -aux is distinct from ps aux.  The POSIX and UNIX standards require that ps -aux print all processes owned by
       a user named x, as well as printing all processes that would be selected by the -a option.  If the user named x does not
       exist, this ps may interpret the command as ps aux instead and print a warning.  This behavior is intended to aid in
       transitioning old scripts and habits.  It is fragile, subject to change, and thus should not be relied upon.
Manual page ps(1) line 1 (press h for help or q to quit)
```

◎ 图 1-34　man 命令执行效果

第 5 步：系统状态检测命令。

作为一名系统工程师，要想更快、更好地了解 Linux 服务器，必须具备快速查看 Linux 操作系统运行状态的能力。Linux 操作系统中常用的系统状态检测命令介绍如下。

1. ifconfig 命令

ifconfig 命令用于获取网卡配置与网络状态等信息，语法格式如下：

ifconfig [网络设备] [参数]

使用 ifconfig 命令来查看本机当前的网卡配置与网络状态等信息时，主要查看的是网卡名称、inet 参数后面的 IP 地址、ether 参数后面的网卡物理地址（又称为 MAC 地址），以及 RX、TX 接收数据包与发送数据包的个数及累计流量等。执行 ifconfig 命令的效果如图 1-35 所示。

```
[andy@localhost ~]$ ifconfig
ens33: flags=4163<UP,BROADCAST,RUNNING,MULTICAST>  mtu 1500
        inet 192.168.232.150  netmask 255.255.255.0  broadcast 192.168.232.255
        inet6 fe80::20c:29ff:fe58:1e4d  prefixlen 64  scopeid 0x20<link>
        ether 00:0c:29:58:1e:4d  txqueuelen 1000  (Ethernet)
        RX packets 221  bytes 214501 (209.4 KiB)
        RX errors 0  dropped 0  overruns 0  frame 0
        TX packets 155  bytes 14974 (14.6 KiB)
        TX errors 0  dropped 0 overruns 0  carrier 0  collisions 0

lo: flags=73<UP,LOOPBACK,RUNNING>  mtu 65536
        inet 127.0.0.1  netmask 255.0.0.0
        inet6 ::1  prefixlen 128  scopeid 0x10<host>
        loop  txqueuelen 1000  (Local Loopback)
        RX packets 21  bytes 2313 (2.2 KiB)
        RX errors 0  dropped 0  overruns 0  frame 0
        TX packets 21  bytes 2313 (2.2 KiB)
        TX errors 0  dropped 0 overruns 0  carrier 0  collisions 0

[andy@localhost ~]$
```

◎ 图 1-35　执行 ifconfig 命令的效果

使用 ifconfig 命令也可以设置网卡地址，比如我们想将网卡 ens33 的 IP 地址配置为 200.0.0.100，这时只需先切换为 root 用户，然后执行相关命令即可，如图 1-36 所示。

```
[andy@localhost ~]$ sudo -i
[sudo] andy 的密码：
[root@localhost ~]# ifconfig ens33 200.0.0.100 netmask 255.255.255.0
[root@localhost ~]# ifconfig
ens33: flags=4163<UP,BROADCAST,RUNNING,MULTICAST>  mtu 1500
        inet 200.0.0.100  netmask 255.255.255.0  broadcast 200.0.0.255
        inet6 fe80::20c:29ff:fe58:1e4d  prefixlen 64  scopeid 0x20<link>
        ether 00:0c:29:58:1e:4d  txqueuelen 1000  (Ethernet)
        RX packets 226  bytes 214921 (209.8 KiB)
        RX errors 0  dropped 0  overruns 0  frame 0
        TX packets 170  bytes 16937 (16.5 KiB)
        TX errors 0  dropped 0 overruns 0  carrier 0  collisions 0

lo: flags=73<UP,LOOPBACK,RUNNING>  mtu 65536
        inet 127.0.0.1  netmask 255.0.0.0
        inet6 ::1  prefixlen 128  scopeid 0x10<host>
        loop  txqueuelen 1000  (Local Loopback)
        RX packets 21  bytes 2313 (2.2 KiB)
        RX errors 0  dropped 0  overruns 0  frame 0
        TX packets 21  bytes 2313 (2.2 KiB)
        TX errors 0  dropped 0 overruns 0  carrier 0  collisions 0

[root@localhost ~]#
```

◎ 图 1-36　修改网卡地址

使用 ifconfig 命令修改的网卡信息只是临时有效，一旦系统重启，这个配置信息就会丢失。

2. uname 命令

uname 命令用于查看系统内核与系统版本等信息，语法格式为 uname [-a]。

使用 uname 命令时，一般会固定搭配 -a 参数来完整地查看当前系统的内核名称、主机名、内核发行版本、节点名、系统时间、硬件名称、硬件平台、处理器类型、操作系统名称等信息。执行 uname 命令的效果如图 1-37 所示。

```
[andy@localhost ~]$ uname -a
Linux localhost.localdomain 5.14.0-86.el9.x86_64 #1 SMP PREEMPT_DYNAMIC Fri May 6 12:02:49 UTC 2022 x8
6_64 x86_64 x86_64 GNU/Linux
[andy@localhost ~]$
```

◎ 图 1-37　执行 uname 命令的效果

从图 1-37 可以看到，当前 Linux 操作系统的内核名称为 5.14.0。

3. uptime 命令

uptime 命令用于查看系统的负载信息，语法格式为 uptime。uptime 命令可以显示当前系统时间、系统已运行时间、启用终端数量、平均负载值等信息。平均负载值指的是系统在最近 1 分钟、5 分钟、15 分钟内的压力情况；负载值越低越好，尽量不要长期超过 1，在生产环境中不要超过 5。执行 uptime 命令的效果如图 1-38 所示。

```
[andy@localhost ~]$ uptime
 09:49:39 up 9 min,  1 user,  load average: 0.07, 0.10, 0.07
[andy@localhost ~]$
```

◎ 图 1-38　执行 uptime 命令的效果

4. free 命令

free 命令用于显示当前系统中内存的使用情况，语法格式为 free [-h]。执行 free 命令的效果如图 1-39 所示。

```
[andy@localhost ~]$ free
              total        used        free      shared  buff/cache   available
Mem:        7840604     1052768     6138384       23048      649452     6513340
Swap:       8237052           0     8237052
[andy@localhost ~]$
```

◎ 图 1-39　执行 free 命令的效果

5. who 命令

who 命令用于查看当前登录主机的用户终端信息，语法格式为 who [参数]。执行 who 命令的效果如图 1-40 所示。

```
[andy@localhost ~]$ who
andy     tty2         2023-03-20 09:40 (tty2)
[andy@localhost ~]$
```

◎ 图 1-40　执行 who 命令的效果

6. last 命令

last 命令用于查看所有目前与过去登录系统的用户记录，格式为 last [参数]。执行 last
命令的效果如图 1-41 所示。

```
[andy@localhost ~]$ last
andy      tty2         tty2              Mon Mar 20 09:40   still logged in
reboot    system boot  5.14.0-86.el9.x8  Mon Mar 20 09:40   still running
andy      tty2         tty2              Mon Feb  6 11:12 - crash (41+22:27)
andy      tty2         tty2              Mon Feb  6 10:56 - 11:12  (00:16)
reboot    system boot  5.14.0-86.el9.x8  Mon Feb  6 10:45   still running
andy      pts/1        192.168.232.1     Fri Jan 27 10:35 - 10:45  (00:09)
andy      tty2         tty2              Fri Jan 27 10:35 - crash (10+00:10)
reboot    system boot  5.14.0-86.el9.x8  Fri Jan 27 10:34   still running
andy      tty2         tty2              Wed Sep 28 19:16 - crash (120+15:18)
reboot    system boot  5.14.0-86.el9.x8  Wed Sep 28 19:12   still running
andy      tty2         tty2              Wed Jul 20 20:48 - crash (69+22:24)
root      tty2         tty2              Wed Jul 20 20:46 - 20:48  (00:02)
reboot    system boot  5.14.0-86.el9.x8  Wed Jul 20 20:43   still running
andy      pts/1        192.168.232.1     Fri Jul  1 10:42 - crash (19+10:01)
andy      tty2         tty2              Fri Jul  1 09:49 - crash (19+10:54)
reboot    system boot  5.14.0-86.el9.x8  Fri Jul  1 09:45   still running

wtmp begins Fri Jul  1 09:45:41 2022
[andy@localhost ~]$
```

◎ 图 1-41 查看系统登录记录

第 6 步：vi 编辑器的使用。

Linux 操作系统中，很多操作都是通过修改软件配置文件来完成的，因此要掌握配置文件的修改方法。所有的 Linux 发行版本中都会有一套文本编辑器 vi，它可以用来查看和修改配置文件的内容，也可以用来编写 Shell 脚本、C 程序。

vi 编辑器有三种模式，分别是一般模式、编辑模式与命令行模式。这三种模式的作用介绍如下。

- 一般模式：使用 vi 打开一个文件直接进入的就是一般模式。该模式中，用户可以用上、下、左、右方向键来移动光标，可以删除字符或删除整行，也可以复制、粘贴文件数据等，还可以进行文字替换。

- 编辑模式：在一般模式中可以进行删除、复制、粘贴等操作，但无法编辑文件内容。按下 i、I、o、O、a、A、r、R 等任何一个字母键后可以进入编辑模式。进入编辑模式后，可以对文件内容进行编辑，包括输入、删除、换行等操作。按下的字母键不同，其所起到的作用也有一些差别：i 表示在光标之前插入，I 表示在光标所在行的开始位置插入，a 表示在光标之后插入，A 表示在光标所在行的末尾位置插入，o 表示在光标的下一行插入，O 表示在光标所在行的上一行插入，r 表示替换光标所在位置的一个字符，R 表示替换光标所在位置之后的所有字符。如果想从编辑模式退回一般模式，可以通过按 Esc 键来实现。

- 命令行模式：在一般模式下，输入 :、/、? 这三个字符中的任何一个，光标就会移动到最下面一行进入命令行模式。该模式中，可以实现查找数据、读取、保存、替换、退出 vi、显示行号等操作。

vi 三种模式间的切换如图 1-42 所示。

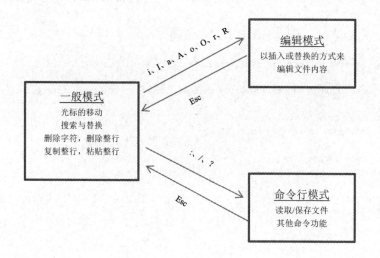

◎ 图 1-42 vi 三种模式间的切换

从图 1-42 可以看出，一般模式与编辑模式和命令行模式之间可以互相切换，但编辑模式与命令行模式之间是不能直接切换的。

下面举例说明 vi 编辑器的使用。

1. 创建 test.txt 文件

创建文件的命令如下。

#vi test.txt

直接执行"vi 文件名"命令进入的是 vi 的一般模式。这时界面分为上下两个部分，上面大部分显示的是文件的实际内容，最下面一行显示的是当前文本状态信息（如 [新]），或者要执行的命令，如图 1-43 所示。

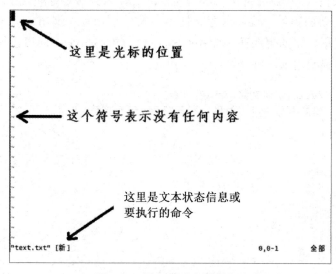

◎ 图 1-43 用 vi 命令创建的新文件

如果打开的文件是已经存在的，则显示内容如图 1-44 所示。

```
# inittab is no longer used.
#
# ADDING CONFIGURATION HERE WILL HAVE NO EFFECT ON YOUR SYSTEM.
#
# Ctrl-Alt-Delete is handled by /usr/lib/systemd/system/ctrl-alt-del.target
#
# systemd uses 'targets' instead of runlevels. By default, there are two main targets:
#
# multi-user.target: analogous to runlevel 3
# graphical.target: analogous to runlevel 5
#
# To view current default target, run:
# systemctl get-default
#
# To set a default target, run:
# systemctl set-default TARGET.target
~
~
~
~
"/etc/inittab" [只读] 16L, 490B                                    1,1              全部
```

◎ 图 1-44　打开 /etc/inittab 文件

图 1-44 中最下面一行显示打开的文件是 "/etc/inittab"，并且该文件对当前用户来说，其访问权限为 "只读"，该文件有 16 行、490 个字符。

2. 按下 i 键进入编辑模式，开始编辑文字

在一般模式下，只要按下 i、o、a 等键就可以进入编辑模式了。在编辑模式中，会发现左下角状态栏中出现了 "-- 插入 --" 的字样，表示可以输入任意字符。这个时候，除了 Esc 键，其他按键都可以用于一般的输入，用户可以进行文本信息的编辑。

3. 保存文件并退出

当我们完成了文本信息的输入、编辑等工作后，要对文件进行保存，该如何操作呢？首先需要退出到一般模式。然后在一般模式下输入 ":"，来到命令行模式下。这时可以输入相应的命令来完成想要的操作。比如保存文件可以执行 w 命令，退出 vi 可以执行 q 命令。也可以将命令组合使用，比如想保存文件并退出，直接执行 wq 命令即可，如图 1-45 所示。如果不想保存修改而强制退出，可以执行 q! 命令。

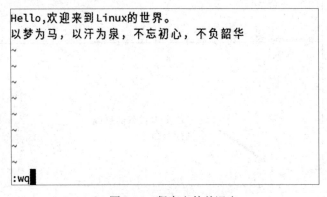

◎ 图 1-45　保存文件并退出

除刚才讲到的可以按 i 键进入编辑模式外，还有其他按键也可以实现这个功能，具体说明如表 1-1 所示。

表 1–1 可以进入编辑模式的按键

按键	说明
i、I	进入编辑模式的插入状态。 i 表示从当前光标所在处插入，I 表示从之前所在行的第一个非空格符处开始插入
a、A	进入编辑模式的插入状态。 a 表示从当前光标所在的下一个字符处开始插入，A 表示从光标所在行的最后一个字符处开始插入
o、O	进入编辑模式的插入状态。 o 表示在当前光标所在的下一行处插入新的一行，O 表示在当前光标所在的上一行处插入新的一行
r、R	进入编辑模式的替换状态。 r 只会替换光标所在处的那一个字符一次，R 会一直替换光标所在处的字符，直到按下 Esc 键为止

命令行模式下除 w、q 等命令外，还有很多有用的命令，具体说明如表 1-2 所示。

表 1–2 命令行模式下的常用命令

命令	说明
w	将编辑的数据写入硬盘文件中
w!	当文件的属性为"只读"时，强制写入该文件
q	退出 vi
q!	若修改过文件又不想存储，可用此命令强制退出
wq	保存后退出
ZZ	若文件没有改动，直接退出；若文件被修改过，保存后退出
w [filename]	将编辑的数据保存成 filename 这个文件
r [filename]	在编辑的数据中，读入另一个文件的数据，即将 filename 这个文件的内容添加到当前光标所在行的后面
n1,n2 w [filename]	将 n1 到 n2 行的内容保存成 filename 这个文件
!command	暂时离开 vi 到命令行模式下执行 command 的显示结果
set nu	显示行号。设置之后，会在每一行的前缀显示该行的行号
set nonu	与 set nu 相反，作用为取消显示行号

vi 编辑器的功能很强大，虽然不支持鼠标操作，但各种快捷键会使用户对文件的操作非常高效，当然，要想熟练掌握 vi 编辑器的使用还需要大量的练习。因为篇幅的限制，这里就不过多进行介绍了，感兴趣的读者可以去查找相关资料，熟悉 vi 编辑器的使用。

实验三：使用 Xshell 远程管理 Linux 操作系统

在对 Linux 操作系统进行配置的过程中，会大量使用命令行的方式，因此使用远程访问工具如 Xshell、SecureCRT、Putty 等对 Linux 操作系统进行远程访问配置更加方便。本实验将介绍使用 Xshell 远程访问 Linux 操作系统的操作。

实验目标

- 了解 VMware Workstation 中网络连接的设置
- 了解 VMware Workstation 中虚拟网络的设置
- 掌握使用 Xshell 远程访问 Linux 操作系统的方法

实验任务描述

小张每次登录 Linux 操作系统时总是需要使用命令行来进行系统配置，这让他感到很不方便。后来他了解到很多网络运维人员都会使用远程访问的方式对 Linux 操作系统进行管理，其中尤以 Xshell 最为普遍，因此他决定尝试使用 Xshell 来远程管理 Linux 操作系统。

实验环境要求

- CentOS 9 操作系统
- Xshell 6

实验步骤

第 1 步：查看 Linux 虚拟机的网络连接设置。找到 Linux 虚拟机并单击鼠标右键，在弹出的快捷菜单中选择"设置"命令，打开"虚拟机设置"对话框后，选中"网络适配器"选项，如图 1-46 所示。

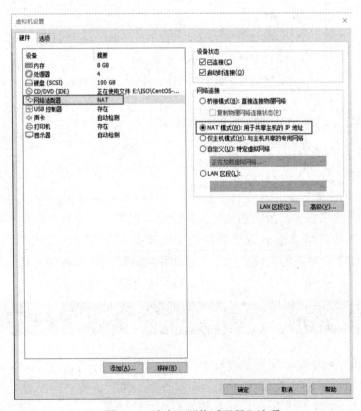

◎ 图 1-46　选中"网络适配器"选项

网络连接模式可以选择"桥接模式"或"NAT 模式"。如果选择"桥接模式",则表示这台虚拟机与宿主机是桥接关系,相当于连接到了同一台二层交换机,因此虚拟机应与宿主机配置为同一个网段。如果选择"NAT 模式",则表示这台虚拟机是通过 NAT 方式与宿主机进行网络地址转换后进行的连接。具体选择哪种模式,要看具体的需求。这里建议选择"NAT模式"。

第 2 步:在 VMware Workstation 中执行"编辑"→"虚拟网络编辑器"命令,如图 1-47所示,打开"虚拟网络编辑器"对话框。

第 3 步:在打开的"虚拟网络编辑器"对话框中查看 NAT 模式相关参数,如图 1-48 所示。

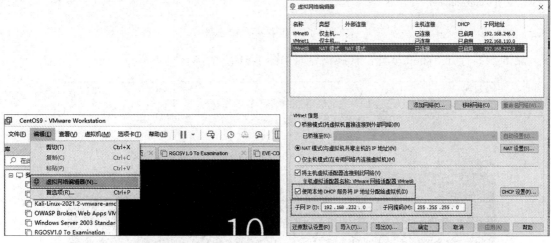

◎　图 1-47　执行"虚拟网络编辑器"命令　　　　◎　图 1-48　NAT 参数设置

从图 1-48 可以看到,NAT 模式已启用,并开启了 DHCP 服务为虚拟机分配 IP 地址,分配的网段为 192.168.232.0。

第 4 步:查看宿主机的网络连接状态,开启 VMnet8,如图 1-49 所示。VMnet8 是 NAT模式所使用的网络,必须处于启用状态。

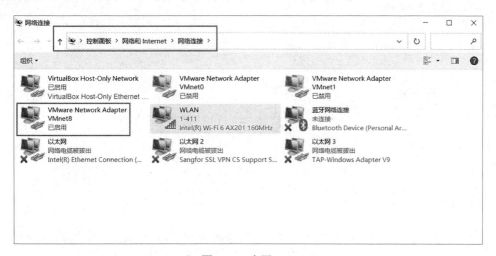

◎　图 1-49　启用 VMnet8

第 5 步:执行 ip addr 命令查看当前 Linux 操作系统的 IP 地址,可以看到 IP 地址是192.168.232.150,如图 1-50 所示。

```
[andy@localhost ~]$ ip addr
1: lo: <LOOPBACK,UP,LOWER_UP> mtu 65536 qdisc noqueue state UNKNOWN group default qlen 1000
    link/loopback 00:00:00:00:00:00 brd 00:00:00:00:00:00
    inet 127.0.0.1/8 scope host lo
       valid_lft forever preferred_lft forever
    inet6 ::1/128 scope host
       valid_lft forever preferred_lft forever
2: ens33: <BROADCAST,MULTICAST,UP,LOWER_UP> mtu 1500 qdisc fq_codel state UP group default qle
n 1000
    link/ether 00:0c:29:58:1e:4d brd ff:ff:ff:ff:ff:ff
    altname enp2s1
    inet 192.168.232.150/24 brd 192.168.232.255 scope global noprefixroute ens33
       valid_lft forever preferred_lft forever
    inet6 fe80::20c:29ff:fe58:1e4d/64 scope link noprefixroute
       valid_lft forever preferred_lft forever
[andy@localhost ~]$
```

◎ 图 1-50　查看系统 IP 地址

第 6 步：打开 Xshell 软件，其操作界面如图 1-51 所示。

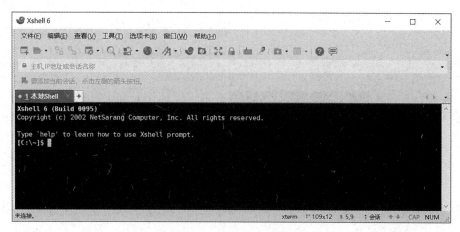

◎ 图 1-51　Xshell 操作界面

第 7 步：进行字体、配色方案设置。用户可以根据自己的喜好，设置 Xshell 的字体、配色方案等，如图 1-52 所示。

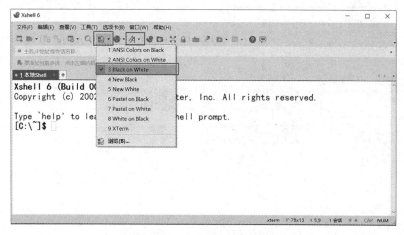

◎ 图 1-52　字体、配色方案设置

第 8 步：执行 ping 命令，测试与 Linux 操作系统的连通性，结果显示连接成功，如图 1-53 所示。只有在宿主机与目标 Linux 操作系统连通的情况下，才可以进行远程管理。

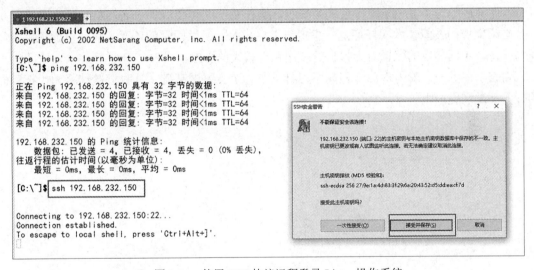

◎ 图 1-53　测试连通性

第 9 步：使用 SSH 协议远程登录 Linux 操作系统，如图 1-54 所示。

◎ 图 1-54　使用 SSH 协议远程登录 Linux 操作系统

第 10 步：按提示输入用户名、密码，成功后即可登录 Linux 操作系统，如图 1-55 所示。这时可以像在虚拟机中一样对 Linux 操作系统进行配置管理了。

◎ 图 1-55　远程登录 Linux 操作系统

任务巩固

1. 操作系统是计算机系统中最重要、最基础的软件，常见的操作系统有哪些？它们分别有哪些特点？

2．Linux 操作系统有很多发行版本，请简单介绍一下常用的 Linux 发行版本有哪些。

3．找一台物理计算机或者使用虚拟机安装 CentOS 9 操作系统，说明安装过程的主要步骤。

4．了解 Linux 操作系统的命令行操作方式，掌握常用的 Linux 命令。

任务总结

本任务中，我们学习了操作系统的概念和作用，对常见的操作系统以及不同操作系统的特点都进行了介绍，同学们除了要掌握以上内容，还应该对 Linux 操作系统的产生过程，以及 GNU 计划和开源软件有所了解，并且要对 Linux 版本及其含义有更进一步的认识。

本任务还学习了 Linux 操作系统的安装。操作系统的安装对于一名网络运维人员来说是一个必须掌握的技能。本次任务是在虚拟机上完成的，所以同学们还要了解一下虚拟机的创建与操作，不同参数的配置对虚拟机的使用也有较大的影响。

完成了任务一，就为本门课程的学习打下了一个良好的基础，让我们继续努力，把后面的任务都顺利完成吧。

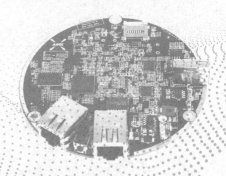

任务二

Linux 操作系统用户管理

任务背景及目标

　　小张用一天时间完成了 CentOS 9 操作系统的安装，并熟悉了常用的操作命令。之后他又找到了老李。

　　小张：李工，按您的要求，我已经在虚拟机上安装了 CentOS 9 操作系统，接下来，咱们需要做什么工作？

　　老李：你小子动作还挺麻利的，不错！Linux 操作系统支持多用户，咱们这个系统作为服务器，会有不同的用户访问系统，所以你接下来应该熟悉一下 Linux 操作系统的用户管理功能，然后根据咱们的业务需求，合理规划一下用户和组。

　　小张：Linux 操作系统中的用户包括管理员和普通用户，普通用户的权限设置很麻烦，咱们把管理员的账号告诉所有使用者，让他们直接用管理员账号来操作，那多方便。

　　老李：这样做看似是方便了，但隐患是相当的大呀！知道管理员账号密码的人越多，日后的安全隐患就越大，黑客或未经授权的人，能够轻而易举地入侵系统。即使是合法的使用者，如果权限过高，万一执行了一些误操作，那也会造成很大的损失。

　　小张：哦，原来是这样。那好吧，我熟悉一下 Linux 的用户和组管理，然后根据需求去设置用户权限，保证咱们的系统既安全，又能满足多用户使用的需求。

职业能力目标

- 了解用户和组的相关配置文件
- 熟练掌握 Linux 操作系统中用户的创建和维护管理
- 熟练掌握 Linux 操作系统中组的创建和维护管理
- 理解并熟练掌握 Linux 操作系统中文件权限的管理

● **知识结构** ●

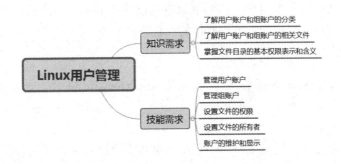

- Linux 操作系统的特点是什么？
- Linux 操作系统下的用户账户分为几类？
- 哪些文件和用户有关？哪些文件和组有关？
- 如何在 Linux 操作系统中对用户和组进行管理？
- 如何在 Linux 操作系统中设置文件的权限，并对文件的属主和所属组进行管理？
- Linux 操作系统中切换登录用户的方法有几种？

2.1 账户管理

2.1.1 账户管理概述

1. 账户简介

Linux 是一个多用户操作系统，它允许多个用户同时登录到系统中使用系统资源。当多个用户同时使用系统时，为了使所有用户的工作顺利进行，保护每个用户的文件安全，避免被非授权用户查看或修改，必须建立起一套相应的规则，让每个用户的权限都受到合理的限制。因此，需要区分不同的用户，这样就产生了用户账户。

账户实质上就是一个用户在系统上的标识，系统依据账户 ID 来区分每个用户的文件、进程、任务，给每个用户提供特定的工作环境，如用户的宿主目录、Shell 版本、X Window 环境配置等，使每个用户的工作都能独立地、不受干扰地进行。

2. 用户和组

广义上讲，Linux 操作系统中的账户包括三种用户账户（简称用户）。第一种是超级用户，也称为管理员账户，对系统拥有绝对的控制权，能够对系统进行一切操作，如果操作不当，有可能对系统造成破坏。因此日常工作时通常以普通用户登录系统。第二种是系统用户，这类用户是在系统安装时被系统默认创建的，负责对相应服务的使用和管理，通常不会被登录。第三种是普通用户，可以用于日常的工作。普通用户的权限会受到相应的限制。

除了用户账户，Linux 操作系统中还存在组账户（简称组）。组是用户的集合，当创建一个新用户时，如果没有指定其所属的组，系统就会建立一个和该用户同名的组，这时组中只包含这个用户本身。也可以直接在系统中创建组，然后在创建新用户时将用户加入指定的组中。

一个组通常可以包含多个用户，一个用户也可以属于多个不同的组。当一个用户属于多个组时，其登录后所属的组称为主组，其他的组称为附加组。

3. 账户系统文件

Linux 操作系统中的账户系统文件主要有 /etc/passwd、/etc/shadow、/etc/group 和 /etc/gshadow 等。

（1）/etc/passwd 文件

该文件中每行定义一个用户账户，一行中又使用多个字段来定义用户账户的不同属性，各字段间用冒号（:）分隔，例如：

root:x:0:0:root:/root:/bin/bash
bin:x:1:1:bin:/bin:/sbin/nologin
daemon:x:2:2:daemon:/sbin:/sbin/nologin
…
andy:x:1000:1000:Andy:/home/andy:/bin/bash
…

上述定义用户账户不同属性的字段的含义介绍如表 2-1 所示。

表 2–1　/etc/passwd 文件中各字段的含义

字段	说明
用户名	用户登录系统时使用的用户名，在系统中是唯一的
口令	此字段存放加密的口令。本文件中的口令是 x，表示用户的口令是被 /etc/shadow 文件保护的，所有加密的口令以及和口令有关的设置都保存在 /etc/shadow 文件中
用户标识号	即 UID，它是一个整数，系统内部用来标识用户。每个用户的 UID 都是唯一的。root 用户的 UID 是 0，系统标准账户的 UID 从 1 到 999，普通用户的 UID 从 1000 开始
组标识号	即 GID，它是一个整数，系统内部用来标识用户所属的组。每个用户账户在建立后都会有一个主组。主组相同的账户其 GID 相同。默认情况下，每一个账户建立好后系统都会建立一个和账户名同名的组，作为该账户的主组，这个组只有用户本人这一个成员，因此也称此组是私有组
GECOS	用来存放用户全名、地理位置等信息
宿主目录	用户登录系统后所进入的目录
命令解释器	用户使用的 Shell，默认为 bash

（2）/etc/shadow 文件

该文件用来保存经过加密的用户口令。它只对 root 用户可读且提供了一些口令时效字段。其内容形式如下：

root:6AQMyGhZybVTFpFIl$xL0uZ4axLbFvbAx0hM5Im30/2rmolFjc5JqTTEvzdwqGV9HyzFnOmg/R5DAEql
MXNG1cxNCo91n2VvoPaLEwt1::0:99999:7:::
bin:*:18849:0:99999:7:::
daemon:*:18849:0:99999:7:::
…
andy:6HQ8$h2AK/.khooziLEvVAYzWULcv5kQh9s9yM6VSSY5n2a3GT8/FsBW09ubn39hL.2yzBnWhZS7VW
sYCHCynFaHc2.:19191:0:99999:7:::
…

/etc/shadow 文件中各字段的含义介绍如表 2-2 所示。

表 2–2　/etc/shadow 文件中各字段的含义

字段	说明
用户名	用户的账户名
口令	用户的口令，是通过 SHA512 加密过的
最后一次修改的时间	从 1970 年 1 月 1 日起，到用户最后一次更改口令的天数

字段	说明
最小时间间隔	从 1970 年 1 月 1 日起，到用户可以更改口令的天数
最大时间间隔	从 1970 年 1 月 1 日起，到用户必须更改口令的天数
警告时间	在用户口令过期之前多少天提醒用户更新
不活动时间	在用户口令过期之后到禁用账户的天数
失效时间	从 1970 年 1 月 1 日起，到账户被禁用的天数
标志	保留位

（3）/etc/group 文件

将用户分组是 Linux 操作系统对用户进行管理及控制访问权限的一种手段。每个用户都属于某一个组，一个组中可以有多个用户，一个用户也可以属于不同的组。当一个用户同时是多个组的成员时，在 /etc/passwd 文件中记录的是用户所属的主组，也就是登录时所属的主组，而其他组称为附加组。用户要访问附加组的文件时，必须首先使用 newgrp 命令使自己成为所要访问的组的成员。组的所有属性都存放在 /etc/group 文件中。/etc/group 文件对任何用户均可读。其内容形式如下：

```
root:x:0:
bin:x:1:
daemon:x:2:
...
andy:x:1000:
...
```

/etc/group 文件中每一行记录了一个组的信息，包括 4 个字段，不同字段之间用冒号（:）隔开，各字段的含义如表 2-3 所示。

表 2–3　/etc/group 文件中各字段的含义

字段	说明
组名	该组的名称
组口令	由于安全性原因，已不使用该字段保存口令，用 x 占位
GID	组的标识号，每个组都有自己唯一的标识号
组成员	属于这个组的成员，多个成员之间用 "," 分隔

（4）/etc/gshadow 文件

该文件用于定义用户组口令、组管理员等信息，只有 root 用户可以读取。其内容形式如下：

```
root:::
bin:::
daemon:::
...
andy:!::
...
```

/etc/gshadow 文件中每一行记录了一个组的信息，包括 4 个字段，不同字段之间用冒号（:）

隔开，各字段的含义如表 2-4 所示。

表 2-4　/etc/gshadow 文件中各字段的含义

字段	说明
组名	组名称，该字段与 /etc/group 文件中的组名称对应
组口令	该字段用于保存已加密的口令
组管理员账号	组的管理员账号，管理员有权对该组添加、删除账号
组成员	属于这个组的成员列表，列表中多个用户之间用 "," 分隔

2.1.2　使用命令行管理账户

1. 管理账户的命令

对账户的管理既可以使用图形化界面来完成，也可以使用命令来完成。本书中只介绍使用命令的方式进行账户管理。表 2-5 中列出了管理账户的相关命令及说明。

表 2-5　管理账户的相关命令及说明

命令	说明
useradd [< 选项 >] < 用户名 >	添加新的用户
usermod [< 选项 >] < 用户名 >	修改已经存在的指定用户
userdel [-r] < 用户名 >	删除已经存在的指定用户，-r 参数用于删除用户宿主目录
groupadd [< 选项 >] < 组名 >	添加新的组
groupmod [< 选项 >] < 组名 >	修改已经存在的指定组
groupdel < 组名 >	删除已经存在的指定组

2. 账户管理举例

对账户的管理操作比较简单，主要包括添加用户、修改用户、删除用户、创建组、把用户添加到组、删除组等操作，下面通过一些实例操作来讲解，读者可以在 Linux 操作系统中练习一下相关操作。

对用户进行管理需要管理员权限，如果当前是以非 root 用户登录的，可以执行以下命令：

```
$sudo -i
```

输入管理员口令，切换为 root 用户后，完成下面的操作。

```
// 创建一个新用户 wangxiaoer
#useradd wangxiaoer
// 创建一个新的组 officer
#groupadd officer
// 创建一个新用户 libin，同时加入到 officer 附加组中
#useradd -G officer libin
// 创建一个新用户 webadmin，指定登录目录为 /www，不创建用户宿主目录（-M）
# mkdir /www;useradd -d /www -M webadmin
// 将 wangxiaoer 添加到附加组 officer 中
```

```
# usermod -G officer wangxiaoer
// 将 wangxiaoer 的用户名修改为 wangqiang，wangxiaoer 组修改为 wangqiang，宿主目录改为 /home/wangqiang
# usermod -l wangqiang -d /home/wangqiang -m wangxiaoer
# groupmod -n wangqiang wangxiaoer
// 删除用户 webadmin
# userdel webadmin
// 删除用户 wangqiang，同时删除其宿主目录
# userdel -r wangqiang
// 删除组 officer
# groupdel officer
```

完成上面不同账户的管理后，可以查看 /etc/passwd、/etc/group 等文件中的相应变化。

2.1.3　口令管理和口令时效

1. 使用 passwd 命令进行口令管理

创建用户账户后，还需要给新用户设置口令，使用的命令是 passwd，其语法格式如下：
passwd [< 选项 >] [< 用户名 >]
passwd 命令中常用的选项介绍如表 2-6 所示。

表 2-6　passwd 命令的常用选项

选项	说明	选项	说明
-S	列出口令的状态信息	-d	删除口令
-l	锁定用户账户	-k	保持口令不变，直到口令过期失效后才能更改
-u	解除已锁定账户	--stdin	从标准输入读取口令（非交互模式）

输入口令时，屏幕上不会回显。口令的选取上要满足复杂性要求，也就是至少要 8 个字符，包括大小写字母和数字及特殊字符的搭配使用，尽量不要用英文单词作为口令。只有管理员账户（root）可以更改其他用户的口令，普通用户只能更改自己的口令，且在更改口令之前系统还会要求用户输入旧的口令。

下面给出几个 passwd 命令的使用示例。

```
//1. 创建新用户 wangqian，显示口令状态，为其设置口令
# useradd wangqian
# passwd -S wangqian
wangqian LK 2022-10-01 0 99999 7 -1 ( 密码已被锁定。)
# passwd wangqian
更改用户 wangqian 的密码。
新的密码：
重新输入新的密码：
passwd：所有的身份验证令牌已经成功更新。

//2. 用户 wangqian 更改自己的口令
# su - wangqian              // 切换到用户 wangqian
```

```
$ passwd
更改用户 wangqian 的密码。
当前的密码：
新的密码：
重新输入新的密码：
passwd：所有的身份验证令牌已经成功更新。
$ exit                        // 返回 root 的 Shell
注销
#

//3. 超级用户可以使用如下命令进行用户口令的管理
# passwd -S wangqian          // 显示口令状态
wangqian PS 2022-10-01 0 99999 7 -1 ( 密码已设置，使用 SHA512 算法。)
# passwd -l wangqian          // 锁定用户 wangqian
锁定用户 wangqian 的密码。
passwd: 操作成功
# passwd -S wangqian          // 显示口令状态
wangqian LK 2022-10-01 0 99999 7 -1 ( 密码已被锁定。)
# passwd -u wangqian          // 解除对用户 wangqian 的锁定
解锁用户 wangqian 的密码。
passwd: 操作成功
# passwd -S wangqian          // 显示口令状态
wangqian PS 2022-10-01 0 99999 7 -1 ( 密码已设置，使用 SHA512 算法。)
# passwd -d wangqian          // 清除 wangqian 的口令
清除用户的密码 wangqian。
passwd: 操作成功
# passwd -S wangqian          // 显示口令状态
wangqian NP 2022-10-01 0 99999 7 -1 ( 密码为空。)
# passwd wangqian             // 重新设置用户 wangqian 的口令
更改用户 wangqian 的密码。
新的密码：
重新输入新的密码：
passwd：所有的身份验证令牌已经成功更新。
# passwd -S wangqian          // 显示口令状态
wangqian PS 2022-10-01 0 99999 7 -1 ( 密码已设置，使用 SHA512 算法。)
```

2.　口令时效

随着硬件计算能力越来越强大，网络入侵者利用自动运行的程序来破解口令的时间被大大缩短，这时一成不变的口令便成了最大的隐患。防止口令被破解最常用的方法就是经常改变口令，而且要强制用户定期更改口令，即采用口令时效技术。

口令时效意味着过了一段预先设定的时间后，用户会被强制更改口令，这样一来，某个口令的破译对入侵者来说就只有十分有限的时间了。

在 Linux 操作系统中，修改口令时效分为以下两种情况。

• 对于未来要创建的所有用户的口令时效的设置需修改 /etc/login.defs 文件中的相关参数。

- 对已存在的用户修改口令时效是通过 chage 命令来实现的。

（1）设置新添用户的口令时效

编辑 /etc/login.defs，通过指定表 2-7 中描述的几个参数来设置口令时效的默认设定。

表 2-7 /etc/login.defs 中与口令时效相关的参数

参数	说明
PASS_MAX_DAYS	设定在多少天后要求用户修改口令。默认口令时效的天数为 99999，即关闭了口令时效。建议设定成 60 天强制更改一次口令
PASS_MIN_DAYS	设定在本次口令修改后，至少要经过多少天才允许更改口令
PASS_WARN_AGE	设置在口令失效前多少天开始通知用户更改口令（一般在用户刚刚登录系统时就会收到警告通知）

2）设置已存在用户的口令时效

chage 命令的语法格式如下：

chage [< 选项 >] < 用户名 >

表 2-8 中列出了 chage 命令的选项说明。

表 2-8 chage 命令的选项说明

选项	说明
-m	指定用户必须改变口令所间隔的最少天数，如果值为 0，口令就不会过期（PASS_MIN_DAYS）
-M	指定口令有效的最多天数。当该选项指定的天数加上 -d 选项指定的天数小于当前的日期时，用户在使用该账号前就必须改变口令（PASS_MAX_DAYS）
-d	指定自 1970 年 1 月 1 日起，口令被改变的天数
-I	指定口令过期后，账号被锁定前不活跃的天数。如果值为 0，账号在口令过期后就不会被锁
-E	指定账号被锁的日期，日期格式为 YYYY-MM-DD。若不用日期，也可以使用自 1970 年 1 月 1 日后经过的天数
-W	指定口令过期前要警告用户的天数（PASS_WARN_AGE）
-l	列出指定用户当前的口令时效信息，以确定账号何时过期

下面给出几个使用 chage 命令的例子，读者可以从中体会 chage 命令的用法和作用。

```
//1. 使用用户 wangqian 下次登录之后修改口令
# chage -d 0 wangqian

//2. 设置用户 wangqian 两天内不能更改口令，并且口令最长的存活期为 30 天
// 在口令过期前 5 天通知 wangqian
# chage -m 2 -M 30 -W 5 wangqian

//3. 查看用户 wangqian 当前的口令时效信息
# chage -l wangqian
最近一次密码修改时间                                    ：密码必须更改
密码过期时间                                          ：密码必须更改
```

密码失效时间	：密码必须更改
账户过期时间	：从不
两次改变密码之间相距的最小天数	：2
两次改变密码之间相距的最大天数	：30
在密码过期之前警告的天数	：5

使用 chage 命令实质上是修改 /etc/shadow 文件中与口令时效相关的字段值。chage 命令仅适用于本地系统账户，对 LDAP 账户和数据库账户不起作用。

2.1.4　用户和组状态命令

1. 用户和组状态命令介绍

表 2-9 中列出了一些常用的用户和组状态命令。

表 2-9　常用的用户和组状态命令

命令	功能
whoami	用于显示当前用户的名称
id	用于显示用户身份
groups	用于显示指定用户所属的组
newgrp	用于将用户从当前组转换到指定的附加组，用户必须属于该组才可以使用

2. 用户和组状态命令使用示例

合理地将用户进行组划分可以大大提高系统管理的效率和安全性，下面给出一些用户和组状态命令的使用示例，读者可以从中体会用户和组的管理。

```
// 创建一个新组 students
# groupadd -g 3001 students
// 将用户 wangqian 加入 students 附加组
# usermod -G students wangqian
// 显示当前用户的名称
# whoami
root
// 显示当前用户所属的组
# groups
root
// 显示指定用户（wangqian）所属的组
# groups wangqian
wangqian : wangqian students
// 显示用户当前的 UID、GID 和用户所属的组列表
# id
用户 id=0(root) 组 id=0(root) 组 =0(root) 上下文 =unconfined_u:unconfined_r:unconfined_t:s0-s0:c0.c1023
// 切换当前用户到 wangqian（超级用户切换到普通用户无须口令），同时切换用户工作环境（-）
# su -wangqian
// 显示用户当前的 UID、GID 和用户所属的组列表
```

```
$ id
用 户 id=1003(wangqian)  组 id=1004(wangqian)  组 =1004(wangqian),3001(students)  上 下 文 =unconfined_
u:unconfined_r:unconfined_t:s0-s0:c0.c1023
// 创建一个新文件，并查看其用户和组
$ touch abc
$ ll abc
-rw-r--r--. 1 wangqian wangqian 0 10 月  2 08:33 abc
// 切换用户的当前组到指定的附加组 students
$ newgrp students
// 显示用户当前的 UID、GID 和用户所属的组列表
$ id
用 户 id=1003(wangqian)  组 id=3001(students)  组 =3001(students),1004(wangqian)  上 下 文 =unconfined_
u:unconfined_r:unconfined_t:s0-s0:c0.c1023
// 创建一个新文件，并查看其用户和组（比较 abc 和 xyz 的组）
$ touch xyz
$ ll
总用量 0
-rw-r--r--. 1 wangqian wangqian 0 10 月  2 08:33 abc
-rw-r--r--. 1 wangqian students 0 10 月  2 08:33 xyz
// 返回上一次 wangqian 的登录
$ exit
exit
// 返回上一次 root 的登录
$ exit
注销
#
```

2.2 权限管理

2.2.1 操作权限概述

1. 操作权限简介

Linux 是多用户的操作系统，允许多个用户同时在系统上登录和工作。为了确保系统和用户的安全，Linux 采取了很多安全措施。用户在登录系统时需要输入用户名和口令，这样就使系统可以通过用户标识号（UID）来确定每个用户在登录系统后都做了些什么，也可以用来区别不同用户所建立的文件或目录。

普通用户在系统上受到权限的制约，一个普通用户若要切换到其他用户甚至超级用户的工作目录，或执行只有管理员权限才可以执行的操作时，会收到权限不够、不允许的操作等提示信息，如图 2-1 所示。

```
[wangqian@localhost ~]$ whoami
wangqian
[wangqian@localhost ~]$ cd /root
-bash: cd: /root: 权限不够
[wangqian@localhost ~]$ ifconfig ens33 192.168.232.254 netmask 255.255.255.0
SIOCSIFADDR: 不允许的操作
SIOCSIFFLAGS: 不允许的操作
SIOCSIFNETMASK: 不允许的操作
[wangqian@localhost ~]$
```

◎ 图 2-1　操作权限不足示例

2. 三种基本权限

Linux 操作系统中，将使用系统资源的人员分为 4 类：超级用户、文件或目录的属主、属主的同组者、其他人员。由于超级用户具有操作 Linux 操作系统的一切权限，因此不用指定超级用户对文件或目录的访问权限，而其他三类用户都要指定对文件或目录的访问权限。对文件或目录的三种基本访问权限的介绍如表 2-10 所示。

表 2-10　文件或目录的三种基本访问权限

代表字符	权限	对文件的含义	对目录的含义
r	读权限	可以读文件的内容	可以列出目录中的文件列表
w	写权限	可以修改该文件	可以在该目录中创建、删除文件
x	执行权限	可以执行该文件	可以使用 cd 命令进入该目录

对于 Linux 操作系统中的权限，需要注意以下几点。

- 对目录只有执行权限，表示可以进入该目录或穿越该目录进入更深层次的子目录。
- 对目录只有执行权限，要访问该目录下的有读权限的文件，必须知道文件名。
- 对目录只有执行权限，不能列出目录列表也不能删除该目录。
- 对目录拥有执行权限和读权限，表示可以进入该目录并列出目录列表。
- 对目录拥有执行权限和写权限，表示可以在目录中创建、删除和重命名文件。

3. 查看文件和目录的权限

Linux 操作系统中通过给三类用户分配三种基本权限，就产生了文件或目录的 9 个基本权限位，可以使用 -l 参数查看文件或目录的权限，如图 2-2 所示。

```
[wangqian@localhost ~]$ cd ~;ls -l
总用量 0
-rw-r--r--. 1 wangqian wangqian 0 10月  2 08:33 abc
-rwxr-xr-x. 1 andy     wangqian 0 10月  2 10:59 file1
-rwxrwxrwx. 1 andy     andy     0 10月  2 09:40 file2
-rwx------. 1 wangqian wangqian 0 10月  2 09:40 file3
drwxr-xr-x. 2 wangqian wangqian 6 10月  2 12:16 testdir1
drwxrwxr-x. 2 wangqian wangqian 6 10月  2 12:21 testdir2
-rw-r--r--. 1 wangqian wangqian 0 10月  2 12:15 testfile1
-rw-rw-r--. 1 wangqian wangqian 0 10月  2 12:20 testfile2
drwxr-xr-x. 2 wangqian wangqian 6 10月  2 09:43 web
drwxr-xr-x. 2 andy     andy     6 10月  2 09:43 www
-rw-r--r--. 1 wangqian students 0 10月  2 08:33 xyz
[wangqian@localhost ~]$
```

◎ 图 2-2　查看文件权限

图 2-2 中，每一行显示一个文件或目录的信息，这些信息包括文件的类型、文件的权限、文件的属主（第 3 列）、文件的所属组（第 4 列），还有文件的大小以及创建时间和文件名。

输出列表中每一行的第一列的第一个字母指出了该文件的类型，如 "-" 代表的是普通文件，"d"代表的是目录。第一列的其余 9 个字母可三个字母一组，分为三组，这三组分别代表文件属主的权限、文件所属组的权限、其他用户的权限。每组中的三个栏位分别表示了读取权限（r）、写入权限（w）、执行权限（x）或没有相应的权限（-）。

如何判断一个用户对某个文件或目录的访问权限呢？其判断过程如下：

如果访问者的 UID 与文件的 UID 匹配，就应用属主的权限；否则，若访问者的 GID 与文件的 GID 匹配，就应用文件所属组的权限。如果都不匹配，就应用其他用户的权限。

通常将执行 ls -l 命令输出的第一列内容称为文件或目录的权限字符串。表 2-11 中列出了几个权限字符串的说明。

表 2-11　权限字符串举例说明

权限字符串	说明
-rw-------	只有属主才有读取和写入的权限
-rw-r--r--	只有属主才有读取和写入的权限，同组人和其他人只有读取的权限
-rwx------	只有属主才有读取、写入和执行的权限
-rwxr-xr-x	属主有读取、写入和执行的权限，同组人和其他人只有读取和执行的权限
-rwx--x--x	属主有读取、写入和执行的权限，同组人和其他人只有执行权限
-rw-rw-rw-	每个人都有读取和写入的权限
-rwxrwxrwx	每个人都有读取、写入和执行的权限
drwx------	这是一个目录文件，只有属主能在目录中读取、写入
drwxr-xr-x	这是一个目录文件，每个人都能够读取目录，但只有属主有修改文件内容的权限

2.2.2　更改操作权限

系统管理员和文件的属主可以根据需要来更改文件的操作权限。更改文件或目录的操作权限可以使用 chmod 命令来完成，通常有两种设置方法：文字设定法和数字设定法。

1．文字设定法

chmod 命令的文字设定法的语法格式如下：

chmod [用户选项][权限操作选项][分配权限选项] < 文件名或目录名 >

用户选项用于指定要赋予权限的用户，具体说明如表 2-12 所示。

表 2-12　用户选项说明

选项	说明	选项	说明
u	表示属主（user）	o	表示其他用户（other）
g	表示所属组用户（group）	a	表示所有用户（all）

权限操作选项用于指定要进行的操作，具体说明如表 2-13 所示。

表 2-13　权限操作选项说明

选项	说明	选项	说明
+	增加权限	=	分配权限，同时将原有权限删除
-	删除权限		

分配权限选项用于指定要分配的权限，具体说明如表 2-14 所示。

表 2-14　分配权限选项说明

选项	说明	选项	说明
r	允许读取	u	和属主的权限相同
w	允许写入	g	和所属组用户的权限相同
x	允许执行	o	和其他用户的权限相同

合理分配用户对文件的访问权限可以有效保证系统的安全性，防止黑客攻击和误操作带来的破坏。下面是一些权限管理的操作，读者可以在系统中进行练习并体会其作用。

```
// 查看当前用户，本例当前登录用户为 wangqian
$ whoami
wangqian
// 查看用户 wangqian 宿主目录下的文件及访问权限
[wangqian@localhost ~]$ cd ;ls -l
总用量 0
-rw-r--r--.  1 wangqian  wangqian  0 10 月  2 08:33 abc
-rw-r--r--.  1 wangqian  wangqian  0 10 月  2 09:40 file1
-rw-r--r--.  1 wangqian  wangqian  0 10 月  2 09:40 file2
-rw-r--r--.  1 wangqian  wangqian  0 10 月  2 09:40 file3
drwxr-xr-x.  2 wangqian  wangqian  6 10 月  2 09:43 web
drwxr-xr-x.  2 wangqian  wangqian  6 10 月  2 09:43 www
-rw-r--r--.  1 wangqian  students  0 10 月  2 08:33 xyz
// 当前组用户和其他用户对 file1 有读的权限，想取消组用户和其他用户对 file1 的读权限
$ chmod go-r file1
$ ls -l file1
-rw-------. 1 wangqian wangqian 0 10 月  2 10:59 file1
// 对文件 file2 的属主添加执行权限
$ chmod u+x file2
$ ls -l file2
-rwxr--r--. 1 wangqian wangqian 0 10 月  2 09:40 file2
// 对文件 file3 的属主添加执行权限，同时取消组用户和其他用户对 file3 的读取权限
$ chmod u+x,go-r file3
$ ls -l file3
-rwx------. 1 wangqian wangqian 0 10 月  2 09:40 file3
```

2. 数字设定法

chmod 命令的数字设定法的语法格式如下：

chmod [n1n2n3] <文件名或目录名>

n1n2n3 选项是三位代表相应权限的数字。其中，n1 代表属主的权限，n2 代表组用户的权限，n3 代表其他用户的权限，这三位数字都是八进制数字，其意义如表 2-15 所示。

表 2-15　权限数字说明

权限			数字表示		说明
读	写	执行	二进制	八进制	
-	-	-	000	0	没有权限

权限			数字表示		说明
读	写	执行	二进制	八进制	
-	-	x	001	1	允许执行
-	w	-	010	2	允许写入
-	w	x	011	3	允许执行和写入
r	-	-	100	4	允许读取
r	-	x	101	5	允许执行和读取
r	w	-	110	6	允许写入和读取
r	w	x	111	7	允许执行、写入和读取

下面举几个使用数字设定法来设置权限的例子。

```
// 对文件 file1 设置可读、写、执行权限
// 设置组用户和其他用户只有读和执行的权限，没有写的权限
$ ll file1
-rw-------. 1 wangqian wangqian 0 10 月  2 10:59 file1
$ chmod 755 file1
$ ll file1
-rwxr-xr-x. 1 wangqian wangqian 0 10 月  2 10:59 file1
// 设置所有用户对文件 file2 拥有一切权限
$ ll file2
-rwxr--r--. 1 wangqian wangqian 0 10 月  2 09:40 file2
$ chmod 777 file2
$ ll file2
-rwxrwxrwx. 1 wangqian wangqian 0 10 月  2 09:40 file2
```

使用数字设定法设置文件或目录的访问权限快速、易于理解，读者可以多加练习，熟练掌握使用这种方式来对文件或目录进行权限管理。

2.2.3　更改属主和所属组

管理员有时需要更改文件的属主和所属的组。除了 root 用户，只有文件的属主才有权更改其属主和所属组，即用户可以把属于自己的文件转让给他人。改变文件的属主和所属组可以使用 chown 命令，命令语法格式如下：

chown [-R] < 用户 [: 组]> < 文件或目录 >

练习下面的示例。

```
// 将文件 file1 的属主改成 andy
# ll file1
-rwxr-xr-x. 1 wangqian wangqian 0 10 月  2 10:59 file1
# chown andy file1
# ll file1
-rwxr-xr-x. 1 andy wangqian 0 10 月  2 10:59 file1
// 将文件 file2 的属主和所属组都改成 andy
```

```
# ll file2
-rwxrwxrwx. 1 wangqian wangqian 0 10 月  2 09:40 file2
# chown andy:andy file2
# ll file2
-rwxrwxrwx. 1 andy andy 0 10 月  2 09:40 file2
// 将目录 www 及其子目录下所有文件与目录的属主和所属组都改成 andy
# chown -R andy:andy www
```

2.2.4 设置文件或目录的生成掩码

用户可以使用 umask 命令设置文件或目录的默认生成掩码。默认的生成掩码用于告诉系统当创建一个文件或目录时不应该赋予其哪些权限。如果用户将 umask 命令放在环境文件（.bash_profile）中，就可以控制所有新建的文件或目录的访问权限。

umask 命令的语法格式如下：

umask [-S] [u1u2u3]

其中，u1 表示的是不允许属主拥有的权限，u2 表示的是不允许同组人拥有的权限，u3 表示的是不允许其他人拥有的权限。

练习下面的 umask 命令使用示例。

```
//1. 查看当前用户的文件默认生成掩码
$ umask
0022
$ umask -S
u=rwx,g=rx,o=rx
// 下面显示了在默认的文件生成掩码为 022 的情况下创建文件和目录的权限情况
$ touch testfile1
$ ll testfile1
-rw-r--r--. 1 wangqian wangqian 0 10 月  2 12:15 testfile1
$ mkdir testdir1
$ ll -d testdir1
drwxr-xr-x. 2 wangqian wangqian 6 10 月  2 12:16 testdir1

//2. 设置当前用户的文件默认生成掩码（设置允许同组用户有写权限）
$ umask 002
$ umask
0002
$ touch testfile2
$ ll testfile2
-rw-rw-r--. 1 wangqian wangqian 0 10 月  2 12:20 testfile2
$ mkdir testdir2
$ ll -d testdir2
drwxrwxr-x. 2 wangqian wangqian 6 10 月  2 12:21 testdir2
// 注意对比 testfile1 和 testfile2 以及 testdir1 和 testdir2 的权限的不同
```

2.2.5 su 和 sudo

Linux 操作系统中，由于 root 用户的权限很大，为避免 root 用户不小心修改某些重要的配置文件，一般以普通用户身份登录系统，但在某些情况下又需要使用 root 用户身份来执行一些重要的命令，这时通过注销系统再登录的办法比较浪费时间，可以通过相应命令直接切换用户。Linux 操作系统常用的切换用户的命令为 su 和 sudo。

1. su 命令

su（switch user）命令可以使当前用户在不退出登录的情况下，顺利地切换到其他用户登录系统。执行命令时，su 后如果加 "-"，表示同时切换 Shell 环境登录，如果不加 "-"，则表示不切换 Shell 环境。另外，root 用户切换为普通用户登录不需要输入密码，普通用户切换为 root 用户登录系统则需要输入密码。

su 命令的语法格式如下：

su [选项] [用户]

su 命令的操作示例如下：

```
// 从 root 用户切换到用户 user1，不切换 Shell 环境
# su user1
$ pwd
/root

从用户 user1 切换到 root 用户
$ su -
Password:
# pwd
/root

// 从 root 用户切换为用户 user1 登录，同时切换 Shell 环境
# su - user1
$ pwd
/home/user1
```

2. sudo 命令

当使用 su 命令从普通用户切换到 root 用户登录操作系统时，需要输入 root 用户的密码，这种方式为系统的安全性埋下不小的隐患，因为 root 用户的密码越少人知道系统才越安全。使用 sudo 命令方式登录系统就可以解决以上问题。

sudo 命令允许普通用户以系统管理者的身份执行一些命令，如 halt、reboot、su、passwd 等，通过 sudo 所执行的命令就好像是由 root 用户亲自执行一样，这样不仅减少了 root 用户的登录和管理时间，还提高了系统的安全性。sudo 命令的运行只需要知道自己的密码即可，甚至我们可以通过手动修改 sudo 命令的配置文件，使其无须任何密码即可运行。

sudo 命令的语法格式如下：

sudo [选项] 命令名称

sudo 命令中常用的选项及其含义如表 2-16 所示。

表 2-16 sudo 命令中常用的选项及其含义

选项	含义
-l	显示当前用户可以用 sudo 执行的命令列表
-u	后面接要切换的用户名，表示以要切换的用户执行命令
-b	将后续的命令放到后台让系统自动运行

使用 vi sudo 命令修改 sudo 命令的配置文件 /etc/sudoers，在第 101 行添加如下格式的信息来集中管理用户的使用权限和使用的主机。

who which_hosts = (runas) command

上面语句中各个部分的功能介绍如下。

who：表示哪个用户，每个用户设置一行。

which_hosts：表示 sudo 设置在哪个主机上生效，可以是主机名也可以是主机 IP，ALL 表示所有主机。

runas：表示以什么用户身份来执行 sudo 命令。

command：表示 root 用户把什么命令授权给普通用户，命令必须用绝对路径来表示，可以通过 whereis 命令查看命令的绝对路径。一般情况下用户调用 sudo 命令并输入它的密码后，5 分钟之内无须再次验证密码，如果命令前加 NOPASSWD 则表示无须输入密码。

下面举例说明如何通过修改 /etc/sudoers 配置文件来管理用户。

```
[root@localhost ~]# vi /etc/sudoers
...
## Allow root to run any commands anywhere
root      ALL=(ALL)     ALL
tom       ALL=NOPASSWD:/usr/bin/date
```

上面代码的最后两行表示用户 root 可以在所有主机上执行所有的命令，用户 tom 可以在所有主机上免密使用修改系统日期的命令 date。

下面设置用户 user1 可以在任何主机上以任何用户的身份执行 ls 命令。首先，切换到以 user1 用户登录系统，并使用 ls 命令查看 /root 目录的内容。具体的命令及执行结果如下：

```
[root@localhost ~]# su - user1
[user1@localhost ~]$ pwd
/home/user1
[user1@localhost ~]$ ls /root
ls: cannot open directory '/root': Permission denied
// 当前环境下用户 user1 无法查看 /root 目录中的内容
[root@localhost ~]# whereis ls
ls: /usr/bin/ls
// 查找 ls 命令的绝对路径
```

查找到 ls 命令的绝对路径后，使用 vi sudo 命令配置 /etc/sudoers 文件，在第 101 行添加如下信息：

```
user1  ALL=(ALL)     /usr/bin/ls
```

上面添加的信息表示允许 user1 用户在任何主机上以任何用户的身份使用 ls 命令，添加完毕后保存并退出。

下面验证上述配置是否正确。具体的命令及执行结果如下：

```
[root@localhost ~]# su - user1
[user1@localhost ~]$ pwd
/home/user1
[user1@localhost ~]$ cd /home
[user1@localhost ~]$ sudo ls /root
[sudo] password for user1:
anaconda-ks.cfg  d1  f1
```

从执行结果可以看出，这里使用 sudo 命令可以成功查看 /root 目录的内容。

每次操作都需要输入用户 user1 的密码非常麻烦，如果想免密操作，可以在命令部分添加 NOPASSWD。具体添加效果如下：

```
user1   ALL=NOPASSWD:/usr/bin/ls
```

保存并退出后验证 user1 用户是否可以免密执行 ls 命令。具体的命令及执行结果如下：

```
[root@localhost ~]# su - user1
[user1@localhost ~]$ sudo ls /root
anaconda-ks.cfg  d1  f1
```

从执行结果可以看出，用户 user1 可免密查看 /root 目录的内容。

实验：创建符合公司需要的组及账号

实验目标

- 掌握使用命令方式创建和管理组
- 掌握使用命令方式创建和管理用户
- 掌握批量创建用户的方法
- 掌握用户权限分配

实验任务描述

现在已经在虚拟机中安装了 CentOS 9 操作系统，公司准备使用这台虚拟机搭建一个 Web 服务器，用于信息发布和数据共享。公司现有 32 人，将公司员工按照行政人员、销售人员、财务人员、开发人员、运维人员进行分组并为每名员工创建一个账号。

实验环境要求

- Windows 桌面操作系统（建议使用 Windows 10）
- CentOS 9 操作系统

实验步骤

第 1 步：收集人员信息，合理规划组。经过信息收集，将员工分为 5 个组，分别是 manager（行政人员）、saler（销售人员）、financer（财务人员）、developer（开发人员）、maintance（运维人员）。最终得到的公司员工账号规划如表 2-17 所示。

表 2-17　公司员工账号规划

序号	姓名	账号	组	初始密码	备注
1	张强	zhangqiang	manager	P@ssword_man	总经理
2	李新明	lixinming		P@ssword_man	副总经理
3	赵树华	zhaoshuhua		P@ssword_man	副总经理
4	高晓敏	gaoxiaomin		P@ssword_man	办公室主任
5	张铜	zhangtong	saler	P@ssword_sal	销售经理
6	李青青	liqingqing		P@ssword_sal	销售员
7	袁忠义	yuanzhongyi		P@ssword_sal	销售员
8	杨维	yangwei		P@ssword_sal	销售员
9	吴兰	wulan	financer	P@ssword_fin	财务主管
10	钟立盛	zhonglisheng		P@ssword_fin	会计
11	崔佳佳	cuijiajia	developer	P@ssword_dev	技术总监
12	高雅洁	gaoyajie		P@ssword_dev	技术副总监
13	王小蒙	wangxiaomeng		P@ssword_dev	研发工程师
14	于志勇	yuzhiyong		P@ssword_dev	研发工程师
15	罗建雄	luojianxiong		P@ssword_dev	研发工程师
16	杨健	yangjian		P@ssword_dev	研发工程师
17	赵发强	zhaofaqiang		P@ssword_dev	研发工程师
18	马国瑞	maguorui		P@ssword_dev	研发工程师
19	李新亮	lixinliang		P@ssword_dev	研发工程师
20	郭敏敏	guominmin		P@ssword_dev	研发工程师
21	赵源	zhaoyuan		P@ssword_dev	研发工程师
22	李静慧	lijinghui		P@ssword_dev	研发工程师
23	王鹏	wangpeng		P@ssword_dev	研发工程师
24	赵海心	zhaohaixin		P@ssword_dev	研发工程师
25	姜宝静	jiangbaojing		P@ssword_dev	研发工程师
26	吴静	wujing		P@ssword_dev	研发工程师
27	孙华海	sunhuahai		P@ssword_dev	研发工程师
28	李克	like		P@ssword_dev	研发工程师
29	霍东明	huodongming		P@ssword_dev	研发工程师
30	李树峰	lishufeng	maintance	P@ssword_main	运维工程师
31	张海涛	zhanghaitao		P@ssword_main	运维工程师
32	陆航	luhang		P@ssword_main	运维工程师

第 2 步：创建用户组，操作命令如下。

```
[root@office ~]# groupadd manager
[root@office ~]# groupadd saler
[root@office ~]# groupadd financer
[root@office ~]# groupadd developer
[root@office ~]# groupadd maintance
[root@office ~]# cat /etc/group
...
manager:x:3002:
saler:x:3003:
financer:x:3004:
developer:x:3005:
maintance:x:3006:
```

第 3 步：添加用户，添加用户时可以指定组及初始密码，命令如下。

```
[root@office ~]# useradd zhangqiang -g manager -p P@ssword_man
[root@office ~]# cat /etc/passwd | grep zhangqiang
zhangqiang:x:1004:3002::/home/zhangqiang:/bin/bash
```

这样一个用户一个用户地添加太麻烦，在实际应用中可以采用批量添加的方法。这里将用到 Shell 脚本的相关知识，在本书的任务五中会有进一步的介绍，大家可以先学习使用方法。

```
# 创建一个添加用户的脚本 newuser
[root@office ~]#vi newuser
[root@office ~]# cat newuser
useradd lixinming -g manager -p P@ssword_man
useradd zhaoshuhua -g manager -p P@ssword_man
useradd gaoxiaomin -g manager -p P@ssword_man
useradd zhangtong -g saler -p P@ssword_sal
useradd liqingqing -g saler -p P@ssword_sal
useradd yuanzhongyi -g saler -p P@ssword_sal
useradd yangwei -g saler -p P@ssword_sal
useradd wulan -g financer -p P@ssword_fin
useradd zhonglisheng -g financer -p P@ssword_fin
useradd cuijiajia -g developer -p P@ssword_dev
useradd gaoyajie -g developer -p P@ssword_dev
useradd wangxiaomeng -g developer -p P@ssword_dev
useradd yuzhiyong -g developer -p P@ssword_dev
useradd luojianxiong -g developer -p P@ssword_dev
useradd yangjian -g developer -p P@ssword_dev
useradd zhaofaqiang -g developer -p P@ssword_dev
useradd maguorui -g developer -p P@ssword_dev
useradd lixinliang -g developer -p P@ssword_dev
useradd guominmin -g developer -p P@ssword_dev
useradd zhaoyuan -g developer -p P@ssword_dev
```

```
useradd lijinghui -g developer -p P@ssword_dev
useradd wangpeng -g developer -p P@ssword_dev
useradd zhaohaixin -g developer -p P@ssword_dev
useradd jiangbaojing -g developer -p P@ssword_dev
useradd wujing -g developer -p P@ssword_dev
useradd sunhuahai -g developer -p P@ssword_dev
useradd like -g developer -p P@ssword_dev
useradd huodongming -g developer -p P@ssword_dev
useradd lishufeng -g maintance -p P@ssword_main
useradd zhanghaitao -g maintance -p P@ssword_main
useradd luhang -g maintance -p P@ssword_main

[root@office ~]# bash ./newuser
[root@office ~]# cat /etc/passwd
...
zhangqiang:x:1004:3002::/home/zhangqiang:/bin/bash
lixinming:x:1005:3002::/home/lixinming:/bin/bash
zhaoshuhua:x:1006:3002::/home/zhaoshuhua:/bin/bash
gaoxiaomin:x:1007:3002::/home/gaoxiaomin:/bin/bash
liqingqing:x:1008:3003::/home/liqingqing:/bin/bash
yuanzhongyi:x:1009:3003::/home/yuanzhongyi:/bin/bash
yangwei:x:1010:3003::/home/yangwei:/bin/bash
zhonglisheng:x:1011:3004::/home/zhonglisheng:/bin/bash
wangxiaomeng:x:1012:3005::/home/wangxiaomeng:/bin/bash
yuzhiyong:x:1013:3005::/home/yuzhiyong:/bin/bash
luojianxiong:x:1014:3005::/home/luojianxiong:/bin/bash
yangjian:x:1015:3005::/home/yangjian:/bin/bash
zhaofaqiang:x:1016:3005::/home/zhaofaqiang:/bin/bash
maguorui:x:1017:3005::/home/maguorui:/bin/bash
lixinliang:x:1018:3005::/home/lixinliang:/bin/bash
guominmin:x:1019:3005::/home/guominmin:/bin/bash
zhaoyuan:x:1020:3005::/home/zhaoyuan:/bin/bash
lijinghui:x:1021:3005::/home/lijinghui:/bin/bash
wangpeng:x:1022:3005::/home/wangpeng:/bin/bash
zhaohaixin:x:1023:3005::/home/zhaohaixin:/bin/bash
jiangbaojing:x:1024:3005::/home/jiangbaojing:/bin/bash
wujing:x:1025:3005::/home/wujing:/bin/bash
sunhuahai:x:1026:3005::/home/sunhuahai:/bin/bash
like:x:1027:3005::/home/like:/bin/bash
huodongming:x:1028:3005::/home/huodongming:/bin/bash
zhanghaitao:x:1029:3006::/home/zhanghaitao:/bin/bash
luhang:x:1030:3006::/home/luhang:/bin/bash
zhangtong:x:1031:3003::/home/zhangtong:/bin/bash
wulan:x:1032:3004::/home/wulan:/bin/bash
cuijiajia:x:1033:3005::/home/cuijiajia:/bin/bash
```

gaoyajie:x:1034:3005::/home/gaoyajie:/bin/bash
lishufeng:x:1035:3006::/home/lishufeng:/bin/bash

第 4 步：为每个组创建文件存放目录，并合理规划权限，命令如下。

```
[root@office ~]# mkdir /share
[root@office ~]# mkdir /share/manager
[root@office ~]# mkdir /share/saler
[root@office ~]# mkdir /share/financer
[root@office ~]# mkdir /share/developer
[root@office ~]# mkdir /share/maintance
# 将相应的文件所属用户修改为对应组的用户
[root@office ~]# chown zhangqiang /share/manager
[root@office ~]# chmod 770 /share/manager
[root@office ~]# chown zhangtong /share/saler
[root@office ~]# chmod 770 /share/saler
[root@office ~]# chown wulan /share/financer
[root@office ~]# chmod 770 /share/financer
[root@office ~]# chown cuijiajia /share/developer
[root@office ~]# chmod 770 /share/developer
[root@office ~]# chown lishufeng /share/maintance/
[root@office ~]# chmod 770 /share/maintance

# 查看修改后的文件夹权限
[root@office ~]# cd /share
[root@office share]# ls -l
总用量 0
drwxrwx---. 2 cuijiajia  root 6 2月  5 13:05 developer
drwxrwx---. 2 wulan      root 6 2月  5 12:58 financer
drwxrwx---. 2 lishufeng  root 6 2月  5 13:06 maintance
drwxrwx---. 2 zhangqiang root 6 2月  5 12:57 manager
drwxrwx---. 2 zhangtong  root 6 2月  5 12:58 saler
```

第 5 步：测试权限是否合理，命令如下。

```
# 使用账号 zhangqiang 登录
[zhangqiang@office ~]$
# 登录后先修改密码，注意保护密码的安全性
[zhangqiang@office ~]$ passwd
更改用户 zhangqiang 的密码。
当前的密码：
新的密码：
重新输入新的密码：
passwd：所有的身份验证令牌已经成功更新。

# 进入 /share/manger 创建一个共享文件
[zhangqiang@office ~]$ cd /share/manager/
```

```
[zhangqiang@office manager]$ vi File_zhangqiang
[zhangqiang@office manager]$ cat File_zhangqiang
这是张强创建的共享文件，manager 组内的所有用户拥有读、写、执行的权限。

# 进入 /share 其他目录，访问被拒绝
[zhangqiang@office manager]$ cd /share/saler/
-bash: cd: /share/saler/: 权限不够
```

任务巩固

1. Linux 操作系统是如何标识用户和组的？
2. 举例说明使用 useradd 命令创建一个用户账户的过程。
3. 如何设置用户口令？如何锁定用户账号？
4. Linux 操作系统中对文件或目录的操作权限都有哪些？
5. 如何修改一个目录的权限，让其对不同的用户、组有不同的访问权限？

任务总结

　　Linux 操作系统是一个多用户系统，允许多个不同的用户进行登录，不同用户具有不同的权限。这与我们使用的一些嵌入式系统是不同的，比如现在常用的智能手机，只要解锁后，里面应用的权限对所有用户都是一样的（智能手机中不同的应用会有自己单独的口令或认证）。为了方便管理用户，还引入了组的概念。组是具有相同属性用户的一个集合。Linux 操作系统中的文件或目录可以针对不同用户和组设置访问权限，合理地设置用户 / 组权限，既方便了用户的使用，又能在一定程度上起到保护数据安全的作用。

　　在网络时代，数据的安全性十分重要，合理的用户管理及权限分配是实现数据安全管理的重要手段。通过本任务的学习，同学们要掌握用户和组的管理，掌握针对不同用户和组进行访问权限分配的方法。

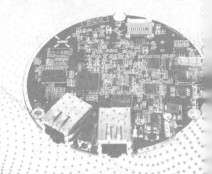

任务三

Linux 网络及防火墙配置

任务背景及目标

通过前面的学习，小张已经能够根据需要创建用户和组，并且可以合理分配用户权限了。了解到多用户系统的好处，明白了老李让他掌握账户管理和权限分配的良苦用心后，他又来找老李了。

小张：李工，我已经掌握了 Linux 操作系统下的账户管理，并且可以根据需要创建和管理用户，为不同的用户分配相应的权限了。现在咱们的系统下只有一些系统自带的应用，应用软件太少了，下一步是不是要学习一下如何在 Linux 操作系统下进行软件安装了？

老李：嗯，Linux 操作系统下的软件可以使用软件包来安装，也可以使用在线安装的方法。现在网络应用非常普遍，如果可以掌握在线安装软件，就可以大大提高工作效率。

小张：那在线安装软件，首先要让系统连网吧。我安装的这个 Linux 操作系统现在还不能上网。

老李：是呀，现在的计算机如果不能连网，使用起来会非常困难，所以咱们要先学会在 Linux 操作系统下的网络配置。计算机能够上网后，会充分发挥系统的功能和作用，但是也会让系统暴露在网络中，有一定的安全隐患。所以你还是要先学习一下 Linux 操作系统的网络及防火墙配置，让咱们的系统可以安全地在网络中应用。

小张：我知道如何在 Windows 操作系统下进行网络配置，Linux 操作系统下应该也差不多吧？

老李：配置的内容和参数是差不多的，但是配置方式差别还是很大的。Windows 操作系统下，主要使用图形化界面来进行配置，当然，Linux 操作系统下也支持图形化配置，但是咱们的 Linux 操作系统主要作为服务器来使用，为了提高工作效率，减少负荷，有可能不安装图形化界面，因此掌握使用命令的方式进行网络配置是十分重要的。

小张：好的，那我就先来学习一下在 Linux 操作系统下使用命令的方式进行网络及防火墙配置。

职业能力目标

- 了解常用网络管理协议
- 熟练掌握 Linux 操作系统网络相关配置文件
- 熟练掌握 Linux 操作系统下 IP 地址的配置方式
- 掌握 Linux 操作系统主机名的配置
- 掌握 Linux 操作系统默认网关的配置
- 掌握防火墙 iptables 的配置

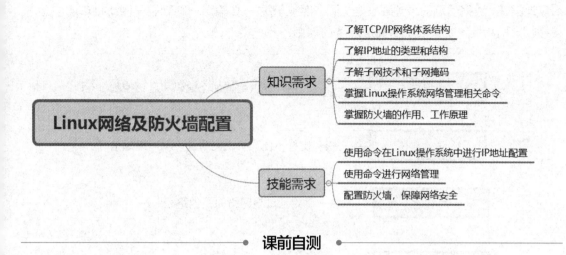

- 互联网中主机之间可以进行通信和资源共享，那么是如何标识一台主机的呢？
- TCP/IP 协议是互联网通信标准，该协议有什么特点？
- IP 地址如何定义？
- 有两台主机分别配置了 IP 地址，如何判断它们之间是否可以进行通信？

3.1 网络管理协议介绍

3.1.1 TCP/IP 概述

　　计算机网络是由地理上分散的、具有独立处理能力的多台计算机系统，通过通信设备和传输介质互相连接起来，在配有相应的网络软件的情况下，实现计算机之间数据通信和资源共享的系统。在计算机网络通信中，使用最为广泛的通信协议是 TCP/IP 协议，这也是互联网上的标准协议，每个接入互联网中的计算机都可以使用 TCP/IP 协议进行通信。TCP/IP 协议是一个协议集，其包含了很多相关的协议，其中最具代表性的就是传输控制协议（Transmission Control Protocol，简称 TCP）和网际协议（Internet Protocol，简称 IP）。

　　TCP/IP 源于 ARPANET，其主要目的是提供与底层硬件无关的网络之间的互联，包括各种物理网络技术。TCP/IP 并不是单纯的两个协议，而是一组通信协议的集合，其所包含的每个协议都具有特定的功能，能够完成相应的任务。

　　TCP/IP 协议的特点有以下几点。

- 开放的协议标准（与硬件、操作系统无关）。
- 独立于特定的网络硬件（运行于 LAN、WAN，特别是互联网中）。
- 统一网络编址（网络地址的唯一性）。
- 标准化高层协议，可提供多种服务。

TCP/IP 采用 4 层结构，如图 3-1 所示，由于设计时并未考虑到要与具体的传输介质相关，因此没有对数据链路层和物理层做出规定。实际上，TCP/IP 的这种层次结构遵循着对等实体通信原则，每一层实现特定功能。TCP/IP 协议的工作过程可以通过"自上而下，自下而上"形象地描述，数据信息的传递在发送方是按照应用层→传输层→网际层→网络接口层的顺序，在接收方则相反，是按低层为高层服务的原则。

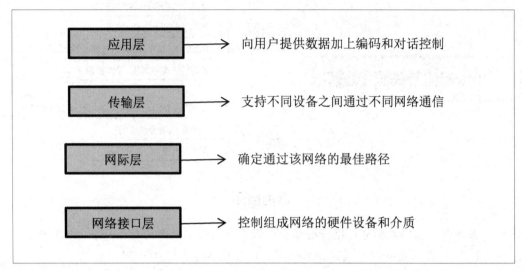

◎ 图 3-1　TCP/IP 参考模型

TCP/IP 是一个协议集，其包括的主要协议分别介绍如下。

（1）IP

IP 工作在网际层，是一个无连接的协议，在对数据传输处理上，只提供"尽最大努力传送机制"，也就是尽最大努力完成投递服务，而不管传输正确与否。

该协议的特点：一是提供无连接的数据报传输机制，二是能完成点对点的通信。

该协议的作用：用于主机与网关、网关与网关、主机与主机之间的通信。

该协议的功能：IP 的寻址、面向无连接数据报传送、数据报路由选择。

（2）ICMP

ICMP 工作在网际层，称为网际控制报文协议。其主要作用是为主机或路由器报告差错情况和提供有关异常情况的报告。

（3）IGMP

IGMP 工作在网际层，称为网际主机组管理协议，它可以将分组传播到位置不在一起但属于一个子网的多个主机。

（4）ARP 和 RARP

ARP（地址解析协议）和 RARP（反向地址解析协议）都工作在网际层。在计算机网络中，两台主机在通信时需要知道对方的地址。标识计算机的地址通常有两个：一个是 IP 地址，称为逻辑地址，是可以编辑修改的；另一个是 MAC 地址，也称为物理地址，这个地址是设备出厂时就烧录在设备芯片中的，通常是不能修改的。两个主机在不同的网段进行通信时，需要使用 IP 地址进行寻址，也就是 IP（协议）会依据 IP 地址在不同网段间确定数据传输路由，把要传输的数据从一个网段传输到目标网段；当数据到达目标主机所在的网段后，再使用物理地址确认最终的目标主机。因此在整个数据传输过程中需要在 IP 地址与物理地址之间建立一种映射关系，这种映射关系被称为"地址解析"。地址解析包括 ARP（从 IP 地址到物理地址的映射）和 RARP（从物理地址到 IP 地址的映射）。

（5）TCP

TCP 即传输控制协议，其工作在传输层，是一个面向连接、端对端的全双工通信协议，通信双方需要建立由软件实现的虚连接，为数据报提供可靠的数据传送服务。

TCP 的主要功能：完成对数据报的确认、流量控制和网络拥塞的处理；自动检测数据报，并提供错误重发的功能；将多条路由传送的数据报按照原序排列，并对重复数据进行择取；控制超时重发，自动调整超时值；提供自动恢复丢失数据的功能。

TCP 的数据传输过程：建立 TCP 连接、传送数据 [传输层将应用层传送的数据存在缓存区中，由 TCP 将它分成若干段再加上 TCP 包头构成 TPDU（传送协议数据单元）发送给 IP 层，采用 ARQ 方式发送到目的主机，目的主机对存在输入缓存区的 TPDU 进行检验，确定是要求重发还是接收]、结束 TCP 连接。

（6）UDP

UDP 即用户数据报协议，其工作在传输层，是一个面向无连接的协议，主要用于不要求确认或通常只传少量数据的应用程序中，或者是多个主机之间的一对多或多对多的数据传输，如广播、多播。

UDP 数据传送：在发送端发送数据时，由 UDP 软件组织一个数据报，并将它交给 IP 软件即完成了所有的工作；在接收端，UDP 软件先检查目的端口是否匹配，若匹配则放入队列中，否则丢弃。与 TCP 相比，UDP 的优点是效率高，但数据传输的可靠性差。

（7）应用层协议

应用层协议面向终端用户，完成用户使用网络的各种需求，常见的应用层协议包括远程终端协议（Telnet）、文件传输协议（FTP）、超文本传输协议（HTTP）、域名服务（DNS）、动态主机配置协议（DHCP）、网络文件系统（NFS）、简单网络管理协议（SNMP）、简单邮件传输协议（SMTP）、路由信息协议（RIP）等。

3.1.2 IP 地址

为了能够把多个物理网络在逻辑上抽象成一个互联网，并允许任何两台主机在互联网上进行通信，需要屏蔽不同物理网络的差异，特别是不同网络编址方式的差异。TCP/IP 模型为每台主机分配了一个因特网地址，用于该主机在因特网中通信，这就是通常讲的 IP 地址。目前 IP 地址主要有 IPv4 和 IPv6 两个版本，如果不加特殊说明，一般指的是 IPv4。IPv4 的地址长度是 32 位，在整个因特网中是唯一的。为了避免地址冲突，因特网中的所有 IP 地址都是由一个中央权威机构 SEI 的网络信息中心 NIC（Network Information Center）来分配的。

IP 地址通常由两部分组成，分别是网络号和主机号。根据网络号和主机号所占位数的不同，IP 地址可以分为 5 种类型，如图 3-2 所示。给出一个 IP 地址，可以根据它的前面几位确定其类型。A 类地址适用于一个网络中主机数超过 65534 的场合，总共有 126 个 A 类地址，每个 A 类地址内最多可以有 16777214 台主机。B 类地址适用于一个主机数超过 254 但小于 65535 的网络，总共有 16382 个 B 类地址，每个 B 类地址最多有 65534 台主机。C 类地址网络的主机最多为 254 台，有 200 多万个 C 类地址。D 类地址用于多点广播。E 类地址则被保留供将来使用。NIC 在分配 IP 地址时只指定地址类型（A、B、C）和网络号，而网络上各台主机的地址由申请者自己分配。

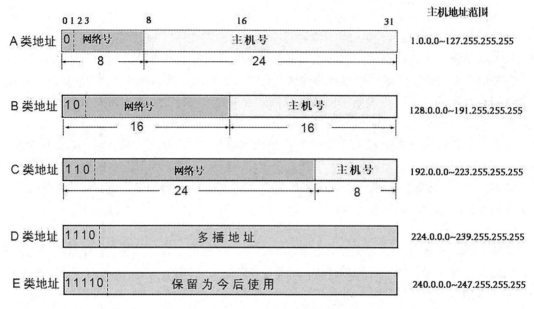

◎ 图 3-2　IP 地址的组成及类型

IP 地址通常用点分十进制标记法（dotted decimal notation）来书写，这时 IP 地址写成 4 个十进制数，相互之间用小数点隔开，每个十进制数（从 0 到 255）表示 IP 地址的一个字节。例如 10000000 00001011 00000011 00011111 采用点分十进制标记法即为 128.11.3.31，其转换过程如图 3-3 所示。

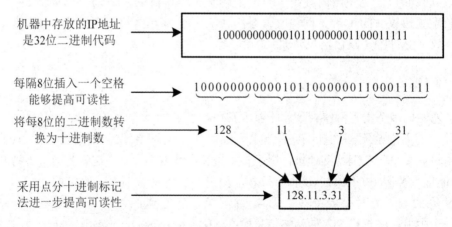

◎ 图 3-3　IP 地址的点分十进制标记法

值得注意的是，IP 地址中 0 和 1 具有特殊的意义，如图 3-4 所示。首先，主机号 0 从来没有被赋给某个主机，它表示本网络。主机号为全 1 是一个广播地址，表示本网络中的所有主机，这一般被称为直接广播地址，因为它有一个合法的 IP 网络号，允许主机向某个网络中的所有主机发送分组。除此之外，还有一种本地网络广播地址，它又被称为有限广播地址，该地址由 32 个 1（即全 1）组成，一个主机在了解到自己的 IP 地址或网络号之前可以使用这个地址发送分组，在知道了自己的 IP 地址后就使用直接广播地址。

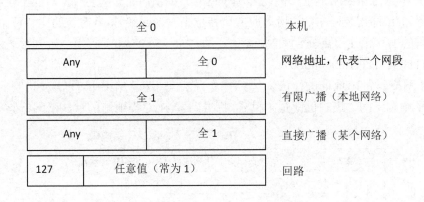

◎　图 3-4　具有特殊意义的 IP 地址

如上所述，全 1 的意义有时为"所有"（all），比如主机号为全 1 的地址表示网络中的所有主机。与之类似，0 的意义有时为"这个"（this），IP 层软件认为主机号为 0 的 IP 地址为主机自己，网络号为 0 的地址表示这个网络中的地址。

在所有的 A 类地址中，还保留了一个地址，即回路（loopback）地址，其网络号为 127。该地址主要用来调试 TCP/IP 软件，以及用作主机内部不同进程间的通信，发送到这个地址的分组并不会通过网络发送出去，它们都经过内部处理作为发送给本机的分组，即它们绝不会出现在网络中。

对于每一个 IP 数据报，它的 IP 头部都含有源主机和目的端主机的 IP 地址，由于 4 字节的目的端主机地址是由网络号和主机号组成的，路由器可以很方便地从中提取网络号，并据此选择路由。互联的网络中路由选择的一个重要概念是：路由器只需要了解其他网络的位置，而不必了解每一台主机在互联的网络中的位置。

IP 地址中还将一部分地址留给用户组建自己的局域网或内部网时使用，这部分地址称为内部 IP 地址，也称私有 IP 地址。保留的内部 IP 地址的范围如下。

A 类私有地址：10.0.0.1 ～ 10.255.255.254

B 类私有地址：172.16.0.1 ～ 172.31.255.254

C 类私有地址：192.168.0.1 ～ 192.168.255.254

3.1.3　子网技术和子网掩码

出于对管理、性能和安全方面的考虑，把单一的逻辑网络划分为多个物理网络，并使用路由器等连接设备将它们连接起来，这些物理网络统称为子网。

划分子网的方法是将主机号部分划出一定的位数用作本网的各个子网，其余的主机号作为相应子网的主机号部分。划分给子网的位数根据实际情况而定。这样 IP 地址就由网络号、子网号和主机号三部分组成。其中，网络号可以确定一个站点，子网号可以确定一个物理子网，而主机号可以确定与子网相连的主机地址。因此，一个 IP 数据包的路由就涉及传送到站点、传送到子网和传送到主机三部分。

子网掩码有两大功能：一是用来区分 IP 地址中的网络号和主机号；二是将网络分割成多个子网。所以可以使用子网掩码来划分 IP 地址的网络号、子网号和主机号，还可以进一步将主机地址划分为子网地址和主机地址。子网掩码是一个 32 位的二进制数，取值通常是将对应于 IP 地址中网络地址（网络号和子网号）的所有位设置为 1，对应于主机地址的所有位都设置为 0，即用掩码中的 1 所对应的比特位来表示网络号，0 对应的比特位来表示主机号。子网掩码的书写也使用点分十进制标记法，如 255.255.255.0，它用二进制数表示则为 1111111 11.11111111.11111111.00000000。

将子网掩码和 IP 地址进行按位"与"操作，在"与"运算结果中，非零二进制位即为网络号，而 IP 地址中剩下的二进制位就是主机号。标准的 A、B、C 类地址的默认子网掩码如表 3-1 所示。

表 3-1　A、B、C 类地址的默认子网掩码

地址类型	子网掩码（用十进制数表示）
A	255.0.0.0
B	255.255.0.0
C	255.255.255.0

如果某主机的 IP 地址为 192.168.2.3，子网掩码为 255.255.255.0，则其网络地址为 192.168.2.0，主机号为 3。

若有 5 个分布于各地的局域网络，每个网络都有 15 台主机，而只向 NIC 申请了一个 C 类地址网络号（为 211.68.229），正常情况下，C 类地址的子网掩码应该设为 255.255.255.0，此时所有的计算机都必须在同一个网络区段内，可是现在网络分布于 5 个地区却只申请了一个网络号，解决办法就是利用子网掩码。

因为需要 5 个子网，所以要从主机号里至少借 3 位才可以。借 3 位可以划分 2^3=8 个子网，而主机号还剩 5 位，可分配给 2^5-2=30 个主机，满足每个子网中 15 台主机的需求。所以其子网掩码为 11111111.11111111.11111111.11100000，即 255.255.255.224。

3.1.4　IPv6 地址

为了满足迅速增长的 IP 地址的需要和运行各种不同的地址格式，可以采用 IPv6 地址，IPv6 的长度为 128 位。IPv6 定义了以下三种类型的地址。

- 单路传送地址。它指定的是一个独立的主机。IPv4 地址采用的是点分十进制标记法，即 4 个字节地址的每个字节都表示成十进制数，并以点分隔。IPv6 地址则是由冒号分隔的 8 个 16 位地址块的十六进制串，如 FF04:19:5:ABD4:187:2C:754:2C1，每个分段的前导 0 不用写。IPv6 地址中经常含有一长串的 0，于是允许进行地址压缩，也就是使用一对冒号来表示多个 16 位块的 0 值。例如，IPv6 地址 FF01:0:0:0:0:0:0:5A 可以写作 FF01::5A。为避免二义性，"::"在地址中只能出现一次。
- 任意传送地址。它指定的是一组主机。发送给任意地址的分组会被发送给该地址标识的一组主机中的一台主机，这台主机通常是路由协议定义的最近的一台主机。IPv6 中没有广播地址，该功能可由多路传送地址提供。
- 混合地址。IPv6 还定义了一种混合地址格式，以便在 IPv6 环境中方便地表示 IPv4 地址。在这种方案中，前 96 位（6 组 16 位块）表示成规则的 IPv6 格式的地址，而剩余的 32 位则表示成 IPv4 通常用的点分十进制标记法格式，如 0:0:0:0:0:0:202.4.10.47。

若要广泛地使用 IPv6，就必须将网络的基础设施进行升级，以适应使用新协议的软件。IPv4 和 IPv6 的共存意味着网络必须包容不同的协议和程序，短期内的方案是 IPv6 网络通过

IPv4 的主干网实现网际互联。

3.2　Linux 网络配置

3.2.1　Linux 网络配置相关文件

Linux 网络配置相关的文件根据不同的发行版本，其目录或文件名称有所不同，但大同小异，主要有以下目录或文件。

- /etc/hostname：主要功能在于修改主机名称。
- /etc/NetworkManager/system-connections/（之前的 CentOS 版本目录为 /etc/sysconfig/network-scripts/）：是设置网卡参数的文件目录，包括 IP 地址、子网掩码、广播地址、网关等参数。
- /etc/resolv.conf：此文件用于设置 DNS 相关信息。
- /etc/hosts：设置计算机的 IP 地址对应的主机名称或域名对应的 IP 地址。通过设置 /etc/nsswitch.conf 中的选项可以选择是 DNS 解析优先还是本地设置优先。
- /etc/nsswitch.conf：规定通过哪些途径，以及按照什么顺序通过这些途径来查找特定类型的信息。

3.2.2　配置 IP 地址

CentOS Stream 9 的网卡配置文件默认在 /etc/NetworkManager/system-connections/ 目录下，打开对应的网卡配置文件：

```
# vi /etc/NetworkManager/system-connections/ens33.nmconnection
```

该文件默认的配置内容如图 3-5 所示。

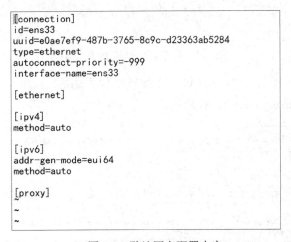

```
[connection]
id=ens33
uuid=e0ae7ef9-487b-3765-8c9c-d23363ab5284
type=ethernet
autoconnect-priority=-999
interface-name=ens33

[ethernet]

[ipv4]
method=auto

[ipv6]
addr-gen-mode=eui64
method=auto

[proxy]
~
~
~
```

◎ 图 3-5　默认网卡配置内容

默认的 [ipv4] 项为"auto"模式，这时需要网络中有 DHCP 服务器才可以给这个 Linux 操作系统自动分配 IP 地址。如果想要手动静态设置 IP 地址，需要设置"method=manual"，并且指定相关参数，如图 3-6 所示。

```
[connection]
id=ens33
uuid=e0ae7ef9-487b-3765-8c9c-d23363ab5284
type=ethernet
autoconnect-priority=-999
interface-name=ens33

[ethernet]

[ipv4]
#method=auto
method=manual  //设置为手动模式
address1=192.168.232.200/24,192.168.232.2  //设置指定IP地址、掩码长度、网关
dns=114.114.114.114;8.8.8.8
                //设置DNS服务器地址，如果有多个用";"隔开

[ipv6]
addr-gen-mode=eui64
method=auto

[proxy]
~
~
~
```

◎ 图 3-6　手动修改 IP 地址

修改完相应的信息需要重新加载网卡配置文件，操作如下：

```
# nmcli c reload
# nmcli c up ens33
```

使用 ifconfig 命令查看网卡配置信息，修改后结果如图 3-7 所示。

```
[root@localhost ~]# ifconfig
ens33: flags=4163<UP,BROADCAST,RUNNING,MULTICAST>  mtu 1500
        inet 192.168.232.200  netmask 255.255.255.0  broadcast 192.168.232.255
        inet6 fe80::20c:29ff:febd:66ac  prefixlen 64  scopeid 0x20<link>
        ether 00:0c:29:bd:66:ac  txqueuelen 1000  (Ethernet)
        RX packets 1002  bytes 102880 (100.4 KiB)
        RX errors 0  dropped 0  overruns 0  frame 0
        TX packets 762  bytes 103979 (101.5 KiB)
        TX errors 0  dropped 0 overruns 0  carrier 0  collisions 0

lo: flags=73<UP,LOOPBACK,RUNNING>  mtu 65536
        inet 127.0.0.1  netmask 255.0.0.0
        inet6 ::1  prefixlen 128  scopeid 0x10<host>
        loop  txqueuelen 1000  (Local Loopback)
        RX packets 423  bytes 34117 (33.3 KiB)
        RX errors 0  dropped 0  overruns 0  frame 0
        TX packets 423  bytes 34117 (33.3 KiB)
        TX errors 0  dropped 0 overruns 0  carrier 0  collisions 0

[root@localhost ~]#
```

◎ 图 3-7　修改后的网络 IP 地址生效

也可以给一个网卡配置多个 IP 地址，在配置文件中添加"address2"参数即可。配置后重启网络服务，使用 ip addr 命令查看结果，如图 3-8 所示。

```
[root@localhost ~]# ip addr
1: lo: <LOOPBACK,UP,LOWER_UP> mtu 65536 qdisc noqueue state UNKNOWN group default qlen 1000
    link/loopback 00:00:00:00:00:00 brd 00:00:00:00:00:00
    inet 127.0.0.1/8 scope host lo
       valid_lft forever preferred_lft forever
    inet6 ::1/128 scope host
       valid_lft forever preferred_lft forever
2: ens33: <BROADCAST,MULTICAST,UP,LOWER_UP> mtu 1500 qdisc fq_codel state UP group default qlen 1000
    link/ether 00:0c:29:bd:66:ac brd ff:ff:ff:ff:ff:ff
    altname enp2s1
    inet 192.168.232.200/24 brd 192.168.232.255 scope global noprefixroute ens33
       valid_lft forever preferred_lft forever
    inet 192.168.232.210/24 brd 192.168.232.255 scope global secondary noprefixroute ens33
       valid_lft forever preferred_lft forever
    inet6 fe80::20c:29ff:febd:66ac/64 scope link noprefixroute
       valid_lft forever preferred_lft forever
[root@localhost ~]#
```

◎ 图 3-8　给一个网卡配置多个 IP 地址

3.2.3　设置主机名

主机名是网络中用于识别某个计算机的标识，查看系统当前的主机名可以使用 hostname 命令，如图 3-9 所示。

```
[root@localhost ~]# hostname
localhost.localdomain    //主机名为localhost.localdomain
[root@localhost ~]#
```

◎ 图 3-9　查看主机名

如果想修改主机名，也可以使用 hostname 命令，比如将主机名修改为 compus，执行效果如图 3-10 所示。

```
[root@localhost ~]# hostname compus    //使用hostname修改主机名
[root@localhost ~]# hostname
compus                                 //修改后的主机名
[root@localhost ~]# logout             //用户注销
[andy@localhost ~]$ sudo -i
[root@compus ~]#                       //重新切换为root用户登录，主机名修改生效
```

◎ 图 3-10　修改主机名

使用 hostname 命令修改的主机名是临时的，系统重启后又会恢复成之前的主机名。如果想要使修改的主机名长期有效，需要修改主机名配置文件 /etc/hostname。下面通过修改 /etc/hostname 配置文件将主机名更改为 office，操作过程如图 3-11 所示。

```
[root@compus ~]# vi /etc/hostname     //修改主机名配置文件
[root@compus ~]# cat /etc/hostname
office                                //设置主机名为office
[root@compus ~]# hostname
office                                //修改配置文件后查看主机名配置已经生效，但系统中主机名提示符未变
[root@compus ~]# reboot               //系统重启

[root@office ~]# hostname             //系统重启后主机名配置文件中的参数生效
office
[root@office ~]#
```

◎ 图 3-11　修改主机名配置文件

主机名可以使用域名格式，如 www.example.com，也可以直接使用如 office 这样的单词。一般情况下联网环境中多使用域名格式，单机情况下可以任意设置，但为了方便通常使用单词。

3.3　网络管理命令

3.3.1　ping 命令

ping 命令通常用来测试目标主机或域名是否可达。执行 ping 命令时，通过发送 ICMP 数据包到网络主机，并显示响应情况，根据输出信息来确定目标主机或域名是否可达。ping 的结果通常情况下是可信的，但由于有些服务器可以设置禁止 ping，所以可能出现错误的结果。

也就是说，如果能够 ping 通，表示网络之间是可以通信的；如果 ping 不通，有可能是网络之间不可以通信，也有可能是目标主机或域名设置了禁止 ping 造成的。ping 命令常用的参数说明如表 3-2 所示。

表 3-2　ping 命令常用的参数说明

参数	说明
-d	使用 Socket 的 SO_DEBUG 功能
-f	极限检测。大量且快速地发送数据包给一台主机，看其回应
-n	只输出数值
-q	不显示任何传送数据包的信息，只显示最后的结果
-r	忽略普通的 Routing Table，直接将数据包送到远端主机上
-R	记录路由过程
-v	详细显示命令的执行过程
-c	在发送指定数量的包后停止
-i	设定间隔几秒发送一个网络数据包给目标主机，预设值是一秒一次
-I	使用指定的网络界面发送数据包
-l	设置在发送要求信息之前，先行发出的数据包
-p	设置填满数据包的范本格式
-s	指定发送的数据字节数
-t	设置存活数值 TTL 的大小

Linux 下默认 ping 不会自动终止，需要按快捷键 Ctrl+C 终止或用参数 "-c" 指定要求完成的回应次数。

下面通过几个示例来熟悉 ping 命令的使用情况。

示例 1：目标主机可以 ping 通

```
# ping 192.168.18.17
PING 192.168.18.17 (192.168.18.17) 56(84) 比特的数据。
64 比特，来自 192.168.18.17: icmp_seq=1 ttl=128 时间 =0.458 毫秒
64 比特，来自 192.168.18.17: icmp_seq=2 ttl=128 时间 =0.672 毫秒
64 比特，来自 192.168.18.17: icmp_seq=3 ttl=128 时间 =0.838 毫秒
64 比特，来自 192.168.18.17: icmp_seq=4 ttl=128 时间 =0.919 毫秒
64 比特，来自 192.168.18.17: icmp_seq=5 ttl=128 时间 =0.562 毫秒
64 比特，来自 192.168.18.17: icmp_seq=6 ttl=128 时间 =0.437 毫秒
^C
--- 192.168.18.17 ping 统计 ---
已发送 8 个包，已接收 8 个包 , 0% packet loss, time 7175ms
rtt min/avg/max/mdev = 0.437/0.688/0.919/0.172 ms
```

ping 主机 192.168.18.17，因为网络是互通的，且目标主机并未禁止 ping，所以收到主机 192.168.18.17 的响应。"64 比特"表示发送的 ICMP 数据包大小为 64 比特；"icmp_seq"是发送的 ICMP 数据包的编号；"ttl"是数据包的生存时间值，其值由发送主机设置，在网络中转发 IP 数据包时，路由器等网络设备会将 TTL 值减少（默认减少 1），当 TTL 的值为 0

时，网络设备不会再将这个 IP 数据包进行转发，而是直接丢弃；"时间"指的是发送主机收到目标主机响应信息所用的时间。因为 Linux 操作系统下 ping 命令不会自动停止，按下快捷键 Ctrl+C 停止 ping 命令，接下来显示的信息为本次 ping 命令执行过程的相关数据统计。

示例 2：目标主机 ping 不通的情况

```
# ping 192.168.18.200
PING 192.168.18.200 (192.168.18.200) 56(84) 比特的数据。
来自 192.168.18.17 icmp_seq=3 目标主机不可达
来自 192.168.18.17 icmp_seq=6 目标主机不可达
来自 192.168.18.17 icmp_seq=9 目标主机不可达
来自 192.168.18.17 icmp_seq=12 目标主机不可达
来自 192.168.18.17 icmp_seq=15 目标主机不可达
来自 192.168.18.17 icmp_seq=18 目标主机不可达
^C
--- 192.168.18.200 ping 统计 ---
已发送 19 个包， 已接收 0 个包 ,+6 错误 , 100% packet loss, time 18445ms
```

示例 3：指定回应次数和发送数据包时间间隔的 ping

```
# ping -c 3 -i 0.01 192.168.18.17
PING 192.168.18.17 (192.168.18.17) 56(84) 比特的数据。
64 比特，来自 192.168.18.17: icmp_seq=1 ttl=128 时间 =0.842 毫秒
64 比特，来自 192.168.18.17: icmp_seq=2 ttl=128 时间 =0.843 毫秒
64 比特，来自 192.168.18.17: icmp_seq=3 ttl=128 时间 =6.26 毫秒

--- 192.168.18.17 ping 统计 ---
已发送 3 个包， 已接收 3 个包 , 0% packet loss, time 20ms
rtt min/avg/max/mdev = 0.842/2.647/6.256/2.551 ms
```

示例 4：ping 域名

```
# ping -c 2 www.baidu.com
PING www.a.shifen.com (110.242.68.3) 56(84) 比特的数据。
64 比特，来自 110.242.68.3 (110.242.68.3): icmp_seq=1 ttl=128 时间 =11.7 毫秒
64 比特，来自 110.242.68.3 (110.242.68.3): icmp_seq=2 ttl=128 时间 =12.6 毫秒

--- www.a.shifen.com ping 统计 ---
已发送 2 个包， 已接收 2 个包 , 0% packet loss, time 1004ms
rtt min/avg/max/mdev = 11.715/12.157/12.600/0.442 ms
```

3.3.2　ifconfig 命令

ifconfig 命令可以用于查看、配置、启用或禁用指定网络接口，如配置网卡的 IP 地址、掩码、广播地址、网关等，Windows 操作系统下类似的命令是 ipconfig。

ifconfig 命令的语法格式如下：

#ifconfig interface [[-net -host] address [parameters]]

其中 interface 是网络接口名，address 是分配给指定接口的主机名或 IP 地址。-net 和 -host

参数分别用来指定地址作为网络号或主机地址。Linux 操作系统中的网卡 lo 为本地环回接口，IP 地址固定为 127.0.0.1，子网掩码为 8 位，表示本机。

示例：查看网卡基本信息

```
# ifconfig
ens33: flags=4163<UP,BROADCAST,RUNNING,MULTICAST>  mtu 1500
        inet 192.168.232.200  netmask 255.255.255.0  broadcast 192.168.232.255
        inet6 fe80::20c:29ff:febd:66ac  prefixlen 64  scopeid 0x20<link>
        ether 00:0c:29:bd:66:ac  txqueuelen 1000  (Ethernet)
        RX packets 191704  bytes 204589213 (195.1 MiB)
        RX errors 0  dropped 0  overruns 0  frame 0
        TX packets 89632  bytes 10012107 (9.5 MiB)
        TX errors 0  dropped 0 overruns 0  carrier 0  collisions 0

lo: flags=73<UP,LOOPBACK,RUNNING>  mtu 65536
        inet 127.0.0.1  netmask 255.0.0.0
        inet6 ::1  prefixlen 128  scopeid 0x10<host>
        loop  txqueuelen 1000  (Local Loopback)
        RX packets 31  bytes 2983 (2.9 KiB)
        RX errors 0  dropped 0  overruns 0  frame 0
        TX packets 31  bytes 2983 (2.9 KiB)
        TX errors 0  dropped 0 overruns 0  carrier 0  collisions 0
```

ifconfig 命令后面可接网络接口用于查看指定网络接口的信息，示例如下。

```
# ifconfig ens33
ens33: flags=4163<UP,BROADCAST,RUNNING,MULTICAST>  mtu 1500
        inet 192.168.232.200  netmask 255.255.255.0  broadcast 192.168.232.255
        inet6 fe80::20c:29ff:febd:66ac  prefixlen 64  scopeid 0x20<link>
        ether 00:0c:29:bd:66:ac  txqueuelen 1000  (Ethernet)
        RX packets 191745  bytes 204593034 (195.1 MiB)
        RX errors 0  dropped 0  overruns 0  frame 0
        TX packets 89662  bytes 10016141 (9.5 MiB)
        TX errors 0  dropped 0 overruns 0  carrier 0  collisions 0
```

上面示例中执行命令后出现的结果解释如下。

第 1 行：UP 表示此网络接口为启用状态，RUNNING 表示网卡设备已连接，MULTICAST 表示支持组播，mtu 是数据包最大传输单元。

第 2 行：依次为网卡 IP、子网掩码、广播地址。

第 3 行：IPv6 地址。

第 4 行：连接的网络类型为 Ethernet，即以太网，ether 后为网卡的 MAC 地址。

第 5 行：接收数据包个数、大小统计信息。

第 6 行：异常接收包的数量，如丢包量、错误包量等。

第 7 行：发送数据包个数、大小统计信息。

第 8 行：异常发送包的数量，如丢包量、错误包量等。

如果第 6 行和第 8 行中的丢包量、错误包量较高，通常表示物理链路存在问题，例如网线干扰过大、距离太远等。

也可以使用 ifconfig 命令设置系统临时 IP 地址，这个 IP 地址信息在系统重启后会丢失，示例如下。

```
#ifconfig ens33 192.168.232.142 netmask 255.255.255.0 up
```

3.3.3　route 命令

route 命令可以用于查看或编辑计算机的 IP 路由表。route 命令的语法格式如下：

route [-f] [-p] [command] [destination] [netmask] [gateway] [metric] [[dev] if]

- command：指定想要进行的操作，如 add、change、delete、print 等。
- destination：指定该路由的网络目标。
- netmask：指定与网络目标相关的子网掩码。
- gateway：指定网关地址。
- metric：为路由指定一个整数成本指标，当路由表中到达目的网段有多条路由时，可以根据 metric 值选择更优的路由。
- [dev]if：为可以访问目标的网络接口指定接口索引。

下面通过一些示例来熟悉 route 命令的功能和用法。

示例 1：显示本机当前所有主机路由表

```
# route -n
Kernel IP routing table
```

Destination	Gateway	Genmask	Flags	Metric	Ref	Use	Iface
0.0.0.0	192.168.232.2	0.0.0.0	UG	100	0	0	ens33
192.168.232.0	0.0.0.0	255.255.255.0	U	100	0	0	ens33
192.168.232.0	0.0.0.0	255.255.255.0	U	100	0	0	ens33

示例 2：添加一条路由

```
# route add -net 221.60.25.0 netmask 255.255.255.0 gw 192.168.232.2 dev ens33
# route -n
Kernel IP routing table
```

Destination	Gateway	Genmask	Flags	Metric	Ref	Use	Iface
0.0.0.0	192.168.232.2	0.0.0.0	UG	100	0	0	ens33
192.168.232.0	0.0.0.0	255.255.255.0	U	100	0	0	ens33
192.168.232.0	0.0.0.0	255.255.255.0	U	100	0	0	ens33
221.60.25.0	192.168.232.2	255.255.255.0	UG	0	0	0	ens33

有些时候系统有多个网卡，如一台主机安装有一个有线网卡，同时安装有一个无线网卡，这两个网卡同时工作，默认情况下使用无线网卡作为网关访问网络。如果想在访问某个网络时指定使用有线网卡作为网关时，就需要手动添加一条主机路由。

3.3.4　netstat 命令

netstat 命令用于监控系统网络配置和工作状况，可以显示内核路由表、活动的网络状态以及每个网络接口的有用的统计数字。netstat 命令常用的参数说明如表 3-3 所示。

表 3-3　netstat 命令常用的参数说明

参数	说明
-a	显示所有连接中的 Socket
-c	持续列出网络状态
-h	在线帮助
-i	显示网络接口信息
-l	显示监控中的服务器的 Socket
-n	直接使用 IP 地址，而不通过域名服务器
-p	显示正在使用 Socket 的程序名称
-r	显示路由表
-s	显示网络工作信息统计表
-t	显示 TCP 协议的网络连接信息
-u	显示 UDP 协议的网络连接信息
-v	显示命令执行过程
-V	显示版本信息

下面通过一些示例来了解 netstat 命令的功能和用法。

示例 1：显示所有端口，包括 UDP 和 TCP 网络协议的信息

```
# netstat -a | head -6
Active Internet connections (servers and established)
Proto Recv-Q Send-Q  Local Address          Foreign Address        State
tcp       0      0  0.0.0.0:ssh            0.0.0.0:*              LISTEN
tcp       0      0  localhost:ipp          0.0.0.0:*              LISTEN
tcp       0      0  localhos:x11-ssh-offset 0.0.0.0:*             LISTEN
tcp       0     68  office:ssh             192.168.232.1:scoremgr ESTABLISHED
```

示例 2：显示所有 TCP 网络协议的信息

```
# netstat -at
Active Internet connections (servers and established)
Proto Recv-Q Send-Q  Local Address          Foreign Address        State
tcp       0      0  0.0.0.0:ssh            0.0.0.0:*              LISTEN
tcp       0      0  localhost:ipp          0.0.0.0:*              LISTEN
tcp       0      0  localhos:x11-ssh-offset 0.0.0.0:*             LISTEN
tcp       0     68  office:ssh             192.168.232.1:scoremgr ESTABLISHED
tcp6      0      0  [::]:ssh               [::]:*                 LISTEN
tcp6      0      0  localhost:ipp          [::]:*                 LISTEN
tcp6      0      0  localhos:x11-ssh-offset [::]:*                LISTEN
```

示例 3：显示所有 UDP 网络协议的信息

```
# netstat -au
Active Internet connections (servers and established)
```

Proto	Recv-Q	Send-Q	Local Address	Foreign Address	State
udp	0	0	0.0.0.0:48343	0.0.0.0:*	
udp	0	0	0.0.0.0:mdns	0.0.0.0:*	
udp	0	0	localhost:323	0.0.0.0:*	
udp6	0	0	[::]:mdns	[::]:*	
udp6	0	0	localhost:323	[::]:*	
udp6	0	0	[::]:47951	[::]:*	

示例 4：显示所有处于监听状态的端口并以 IP 地址方式显示而非服务器名

```
# netstat -ln
Active Internet connections (only servers)
```

Proto	Recv-Q	Send-Q	Local Address	Foreign Address	State
tcp	0	0	0.0.0.0:22	0.0.0.0:*	LISTEN
tcp	0	0	127.0.0.1:631	0.0.0.0:*	LISTEN
tcp	0	0	127.0.0.1:6010	0.0.0.0:*	LISTEN
tcp6	0	0	:::22	:::*	LISTEN
tcp6	0	0	::1:631	:::*	LISTEN
tcp6	0	0	::1:6010	:::*	LISTEN
udp	0	0	0.0.0.0:48343	0.0.0.0:*	
udp	0	0	0.0.0.0:5353	0.0.0.0:*	
udp	0	0	127.0.0.1:323	0.0.0.0:*	

示例 5：显示所有 TCP 端口并显示对应的进程名称或进程号

```
# netstat -ntlp
Active Internet connections (only servers)
```

Proto	Recv-Q	Send-Q	Local Address	Foreign Address	State	PID/Program name
tcp	0	0	0.0.0.0:22	0.0.0.0:*	LISTEN	1196/sshd: /usr/sbi
tcp	0	0	127.0.0.1:631	0.0.0.0:*	LISTEN	1195/cupsd
tcp	0	0	127.0.0.1:6010	0.0.0.0:*	LISTEN	2098/sshd: andy@pts
tcp6	0	0	:::22	:::*	LISTEN	1196/sshd: /usr/sbi
tcp6	0	0	::1:631	:::*	LISTEN	1195/cupsd
tcp6	0	0	::1:6010	:::*	LISTEN	2098/sshd: andy@pts

示例 6：显示路由表

```
# netstat -r
Kernel IP routing table
```

Destination	Gateway	Genmask	Flags	MSS Window	irtt Iface
default	_gateway	0.0.0.0	UG	0 0	0 ens33
192.168.232.0	0.0.0.0	255.255.255.0	U	0 0	0 ens33
192.168.232.0	0.0.0.0	255.255.255.0	U	0 0	0 ens33
softbank2210600	_gateway	255.255.255.0	UG	0 0	0 ens33

示例 7：显示网络接口列表

```
# netstat -i
Kernel Interface table
```

Iface	MTU	RX-OK	RX-ERR	RX-DRP	RX-OVR	TX-OK	TX-ERR	TX-DRP	TX-OVR	Flg
ens33	1500	1133	0	0	0	852	0	0	0	BMRU
lo	65536	17	0	0	0	17	0	0	0	LRU

netstat 是运维工程师最常用的网络管理命令之一，经常被用来查看主机网络状态、监听列表等。

3.4 防火墙 iptables 配置

3.4.1 Linux 内核防火墙的工作原理

Linux 操作系统中有 firewalld 和 iptables 两个防火墙，本书主要介绍 iptables 的使用。

Linux 内核提供的防火墙功能通过 netfilter 框架实现，并提供了 iptables 工具配置和修改防火墙的规则。

netfilter 的通用框架不依赖于具体的协议，而是为每种网络协议定义一套钩子函数。这些钩子函数在数据包经过协议栈的几个关键点时被调用，在这几个点中，协议栈将数据包及钩子函数作为参数，传递给 netfilter 框架。

对于每种网络协议定义的钩子函数，任何内核模块可以对每种协议的一个或多个钩子函数进行注册，实现挂接。这样当某个数据包被传递给 netfilter 框架时，内核能检测到是否有有关模块对该协议和钩子函数进行了注册。如发现注册信息则调用该模块在注册时使用的回调函数，然后对应模块去检查、修改、丢弃该数据包，以及指示 netfilter 将该数据包传入用户空间的队列。

从以上描述可以得知，钩子提供了一种方便的机制，以便在数据包通过 Linux 内核的不同位置上截获和操作处理数据包。

1. netfilter 的体系结构

网络数据包的通信主要经过以下相关步骤，对应 netfilter 定义的钩子函数。钩子函数的作用是系统在进行消息传递处理时可以利用钩子机制截取消息，并可对一些特定的消息进行处理。

- NF_IP_PRE_ROUTING：网络数据包进入系统，经过了简单的检测后，数据包转交该函数进行处理，然后根据系统设置的规则对数据包进行处理，如果数据包不被丢弃则交给路由函数进行处理。在该函数中可以替换 IP 包的目的地址，即 DNAT。
- NF_IP_LOCAL_IN：所有发送给本机的数据包都要通过该函数的处理，该函数根据系统设置的规则对数据包进行处理，如果数据包不被丢弃则交给本地的应用程序。
- NF_IP_FORWARD：所有不是发送给本机的数据包都要通过该函数进行处理，该函数会根据系统设置的规则对数据包进行处理，如数据包不被丢弃则转 NF_IP_POST_ROUTING 进行处理。

- NF_IP_LOCAL_OUT：所有从本地应用程序出来的数据包必须通过该函数的处理，该函数根据系统设置的规则对数据包进行处理，如果数据包不被丢弃则交给路由函数进行处理。
- NF_IP_POST_ROUTING：所有数据包在发给其他主机之前需要通过该函数的处理，该函数根据系统设置的规则对数据包进行处理，如果数据包不被丢弃，则将数据包发给数据链路层。在该函数中可以替换 IP 包的源地址，即 SNAT。

图 3-12 显示了数据包在通过 iptables 防火墙时的处理过程。

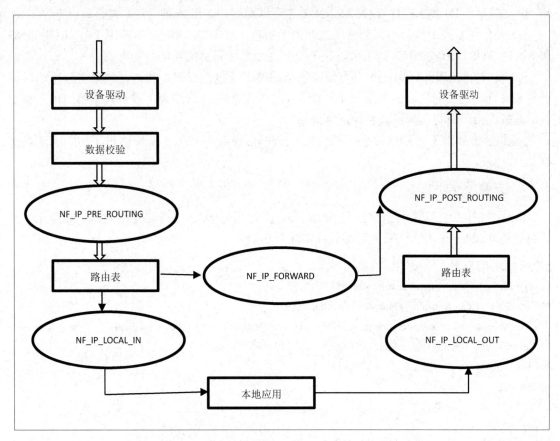

◎　图 3-12　数据包在通过 iptables 防火墙时的处理过程

2. 包过滤

netfilter 定义的每个函数都可以对数据包进行处理，最基本的操作为对数据包进行过滤。系统管理员可以通过 iptables 工具来向内核模块注册多个过滤规则，并且指明过滤规则的优先权。设置完以后每个钩子按照规则进行匹配，如果与规则匹配，函数就会进行一些过滤操作，这些操作主要是以下几个。

- NF_ACCEPT：继续正常地传递包。
- NF_DROP：丢弃包，停止传送。
- NF_STOLEN：已经接管了包，不要继续传送。

- NF_QUEUE：排列包。
- NF_REPEAT：再次使用该钩子。

3. 包选择

在 netfilter 框架上已经创建了一个包选择系统，这个包选择系统默认已经注册了 3 个表，分别是 filter（过滤）表、nat（网络地址转换）表和 mangle 表。

在调用钩子函数时是按照表的顺序来调用的。例如在执行 NF_IP_PRE_ROUTING 时，首先检查 filter 表，然后检查 mangle 表，最后检查 nat 表。

filter 表过滤包但不会改变包，仅仅起过滤的作用。由网络过滤框架来提供 NF_IP_FORWARD 钩子的输出和输入接口，这使得过滤工作变得非常简单。从图 3-12 中可以看出，NF_IP_LOCAL_IN 和 NF_IP_LOCAL_OUT 也可以做过滤，但是只针对本机。

nat 表分别服务于两套不同的网络过滤钩子的包，对于非本地包，NF_IP_PRE_ROUTING 和 NF_IP_POST_ROUTING 钩子可以完美地解决源地址和目的地址的变更。

nat 表与 filter 表的区别在于只有新建连接的第 1 个包会在表中传送，结果将被用于以后所有来自这一连接的包。例如某一个连接的第 1 个数据包在这个表中被替换了源地址，那么以后这条连接的所有包都将被替换源地址。

mangle 表被用于真正地改变包的信息，mangle 表和所有的 5 个网络过滤的钩子函数都有关。

4. 切换至 iptables

Linux 操作系统默认的防火墙是 firewalld，要使用 iptables，需要先将 firewalld 停止，并让系统将 iptables 作为默认防火墙。具体实现命令如下：

```
# 查看 firewalld 状态
[root@office ~]# systemctl status firewalld
● firewalld.service - firewalld - dynamic firewall daemon
  Loaded: loaded (/usr/lib/systemd/system/firewalld.service; enabled; vendor preset: enabled)
  Active: active (running) since Mon 2023-01-23 21:01:10 CST; 58s ago
   Docs: man:firewalld(1)
 Main PID: 1021 (firewalld)
  Tasks: 2 (limit: 23260)
  Memory: 40.0M
   CPU: 521ms
  CGroup: /system.slice/firewalld.service
        └─ 1021 /usr/bin/python3 -s /usr/sbin/firewalld --nofork --nopid

1 月 23 21:01:09 office systemd[1]: Starting firewalld - dynamic firewall daemon...
1 月 23 21:01:10 office systemd[1]: Started firewalld - dynamic firewall daemon.
# 关闭并禁用 firewalld
[root@office ~]# systemctl stop firewalld
[root@office ~]# systemctl disable firewalld
Removed /etc/systemd/system/multi-user.target.wants/firewalld.service.
```

Removed /etc/systemd/system/dbus-org.fedoraproject.FirewallD1.service.
启动并启用 iptables
[root@office ~]# systemctl start iptables
[root@office ~]# systemctl enable iptables
Created symlink /etc/systemd/system/basic.target.wants/iptables.service → /usr/lib/systemd/system/iptables.service.
如果使用了 IPv6，还需要开启 ip6tables
[root@office ~]# systemctl start ip6tables
[root@office ~]# systemctl enable ip6tables
Created symlink /etc/systemd/system/basic.target.wants/ip6tables.service　→ /usr/lib/systemd/system/ip6tables.
service.

3.4.2　Linux 软件防火墙 iptables

iptables 工具用来设置、维护和检查 Linux 内核的 IP 包过滤规则。filter、nat 和 mangle 表可以包含多个链（chain），每个链可以包含多条规则（rule）。iptables 主要对表（table）、链（chain）和规则（rule）进行管理。

iptables 预定义了 5 个链，分别对应 netfilter 的 5 个钩子函数，这 5 个链分别是 INPUT 链、FORWARD 链、OUTPUT 链、PREROUTING 链、POSTROUTING 链。

iptables 命令的语法格式如下：

iptables [-t table] command [match] [-j target/jump]

"-t table" 参数用来指定规则表，内建的规则表分别为 nat、mangle 和 filter，当未指定规则表时，默认为 filter。各个规则表的功能介绍如下。

- nat：此规则表主要针对 PREROUTING 和 POSTROUTING 两个规则链，主要功能为进行源地址或目的地址的网络转换工作。
- mangle：此规则表主要针对 PREROUTING、FORWARD 和 POSTROUTING 三个规则链，某些特殊应用可以在此规则表时设定，比如为数据包做标记。
- filter：这个规则表是默认规则表，针对 INPUT、FORWARD 和 OUTPUT 三个规则链，主要用来进行封包过滤的处理动作，如 DROP、LOG、ACCEPT 或 REJECT。

数据包通过表和链时需要遵循一定的顺序，当数据包到达防火墙时，如果 MAC 地址符合，就会由内核里相应的驱动程序接收，然后经过一系列操作，从而决定是发送给本地的程序还是转发给其他机器。数据包通过防火墙时分以下三种情况。

1. 以本地为目的的包

当一个数据包进入防火墙后，如果目的地址是本机，则被防火墙检查的顺序如表 3-4 所示。如果在某一个步骤数据包被丢弃，就不会执行后面的检查了。

表 3–4　以本地为目的的包检查顺序

序号	表	链	说明
1			数据包在链路上进行传输
2			数据包进入网络接口

序号	表	链	说明
3	mangle	PREROUTING	这个链用来修改数据包，如对包进行改写或做标记
4	nat	PREROUTING	这个链主要用来做 DNAT
5			进行路由判断，如包是发往本地的还是要转发的
6	mangle	INPUT	在路由之后，被送往本地程序之前对包进行改写或做标记
7	filter	INPUT	所有以本地为目的的包都需经过这个链，包的过滤规则在此设置
8			数据包到达本地程序，如服务程序或客户程序

2. 以本地为源的包

本地应用程序发出的数据包，被防火墙检查的顺序如表 3-5 所示。

表 3–5 以本地为源的包检查顺序

序号	表	链	说明
1			本地程序，如服务程序或客户程序
2			路由判断
3	mangle	OUTPUT	用来修改数据包，如对包进行改写或做标记
4	nat	OUTPUT	对发出的包进行 DNAT 操作
5	filter	OUTPUT	对本地发出的包进行过滤，包的过滤规则在此设置
6	mangle	POSTROUTING	进行数据包的修改
7	filter	POSTROUTING	在这里做 SNAT
8			离开网络接口
9			数据包在链路上传输

3. 被转发的包

需要通过防火墙转发的数据包，被防火墙检查的顺序如表 3-6 所示。

表 3–6 被转发的包检查顺序

序号	表	链	说明
1			数据包在链路上传输
2			进入网络接口
3	mangle	PREROUTING	用来修改数据包，如对包进行改写或做标记
4	nat	PREROUTING	这个链主要用来做 DNAT
5			进行路由判断，如包是发往本地的，还是要转发
6	mangle	FORWARD	包继续被发送到 mangle 表的 FORWARD 链，这是非常特殊的情况才会用到的。在这里，包被修改。这次修改发生在最初的路由判断之后，最后一次更改包的目的之前
7	filter	FORWARD	FORWARD 包继续被发送至这条 FORWARD 链。只有需要转发的包才会走到这里，并且针对这些包的所有过滤也在这里进行。注意，所有要转发的包都要经过这里

续表

序号	表	链	说明
8	mangle	POSTROUTING	这个链也是针对一些特殊类型的包。这一步修改是在所有更改包的目的地址的操作完成之后做的，但这时包还在本地
9	nat	POSTROUTING	这个链就是用来做 SNAT 的，不推荐在此处过滤，因为某些包即使不满足条件也会通过
10			离开网络接口
11			数据包在链路上传输

在对包进行过滤时，常用的三个动作分别介绍如下。

- ACCEPT：一旦数据包满足了指定的匹配条件，数据包就会被 ACCEPT，并且不会再去匹配当前链中的其他规则或同一个表内的其他规则，但数据仍然需要通过其他表中的链。
- DROP：如果包符合条件，数据包就会被丢掉，并且不会向发送者返回任何信息，也不会向路由器返回信息。
- REJECT：和 DROP 基本一样，区别在于除将包丢弃外，还需要向发送者返回错误信息。

3.4.3 iptables 配置实例

iptables 支持丰富的参数，包括 IP、端口、网络端口、TCP 标志位及 MAC 地址等，参数指定方式除传统方法外，还支持使用 "！"、"ALL" 或 "NONE" 等通配符进行参数匹配。iptables 命令常用参数说明如表 3-7 所示。

表 3-7 iptables 命令参数含义说明

参数	含义
-A	新增规则到某个规则链中，该规则将会成为规则链中的最后一条规则
-D	从某个规则链中删除一条规则
-R	替换某行规则，规则被替换后并不会改变顺序
-I	插入一条规则，原本该位置的规则往后移动一个顺位
-L	列出某规则链中的所有规则
-F	删除规则链的所有规则
-Z	将数据包计数器归零
-N	定义新的规则链
-X	删除某规则链
-P	定义不符合规则的数据包的默认处理方式
-E	修改某自定义规则链的名称
-p	匹配通信协议类型是否相符，可以使用！运算符进行反向匹配
-s	匹配数据包的来源 IP，可以匹配单个 IP 或某个网段
-d	匹配数据包的目的地 IP，设定方式同上
-i	匹配数据包是从哪个网络接口接入，可以使用通配符 + 指定匹配范围
-o	匹配数据包要从哪个网络接口发出，设定方式同上

续表

参数	含义
--sport	匹配数据包的源端口，可以匹配单一端口或一个范围
--dport	匹配数据包的目的端口号，设定方式同上
--tcp-flags	匹配 TCP 数据包的状态标志，如 SYN、ACK、FIN 等，也可使用 ALL 和 NONE 进行匹配
-m	匹配不连续的多个源端口或目的端口

1. 简单应用示例

iptables 使用方法：首先指定规则表，然后指定要执行的命令，接着指定参数匹配数据包的内容，最后是要采取的动作。

示例 1：

```
# 清除所有规则
[root@office ~]# iptables -F
# 清除 nat 表中的所有规则
[root@office ~]# iptables -t nat -F
# 允许来自 192.168.18.0/24 的请求连接 sshd 服务
[root@office ~]# iptables -A INPUT -p tcp -s 192.168.18.0/24 --dport 22 -j ACCEPT
# 其他任何网段不能访问 sshd 服务
[root@office ~]# iptables -A INPUT -p tcp --dport 22 -j DROP
```

在上述示例中，"-F"表示清除已存在的所有规则；"-A"表示添加一条规则；"-p"用来指定协议为 TCP；"-s"用来指定源地址段，如果该参数被忽略或为 0.0.0.0/0，则源地址可以表示任何地址；"--dport"用来指定目的端口。包的判断顺序为首先判断第 1 条规则，由于允许 192.168.18.0/24 网段的主机访问 sshd 服务，因此包可以通过；如果是其他来源的主机，由于第 1 条规则并不匹配，则接着判断第 2 条规则，而第 2 条规则的策略是禁止，因此包将被丢弃。

iptables 可以为每个链指定默认规则，如果包不符合现存的所有规则，则按默认规则处理。设置默认规则的操作如示例 2 所示。

示例 2：

```
# 清除所有规则
[root@office ~]# iptables -F
# 设置默认规则
[root@office ~]# iptables -t filter -P INPUT ACCEPT
# 允许来自 192.168.18.0/24 的请求连接 sshd 服务
[root@office ~]# iptables -A INPUT -p tcp -s 192.168.18.0/24 --dport 22 -j ACCEPT
```

设置端口控制的操作如示例 3 所示。

示例 3：

```
# 允许的本机服务
[root@office ~]iptables -A INPUT -p TCP -i $IF --dport 22 -j ACCEPT
# 允许外部计算机连接 22 号端口
[root@office ~]iptables -A INPUT -p TCP -i $IF --dport  80 -j ACCEPT
```

允许外部计算机连接 80 号端口

设置黑名单
拒绝 1.1.1.0/24 段的主机访问本机
[root@office ~]iptables -A INPUT -s 1.1.1.0/24 -j DROP
拒绝 1.1.1.0 的主机访问本机
[root@office ~]iptables -A INPUT -s 1.1.1.0 -j DROP

信任的网络和 IP
信任的网络
[root@office ~]iptables -A INPUT -s 1.1.1.1/24 -j ACCEPT
信任的 IP
[root@office ~]iptables -A INPUT -s 1.1.1.1 -j ACCEPT

将本机端口 445 发出的数据包转发到 192.168.232.150:4445 端口
[root@office ~]iptables -t nat -A OUTPUT -p tcp -m tcp --dport 445 -j DNAT --to-destination 192.168.232.150:4445

2. NAT 设置

通常网络中数据包从包的源地址发出直到包要发送的目的地址，整个路径经过很多不同的连接，一般情况下这些连接不会更改数据包的内容，只是原样转发。如果发出数据包的主机使用的源地址是私有网络地址，则该数据包将不能在互联网上传输。要想使用私有网络访问互联网，就需要做 NAT（Network Address Translation，网络地址转换）。

NAT 分为两种不同的类型：SNAT（源 NAT）和 DNAT（目标 NAT）。SNAT 是通过修改源 IP 地址来实现使用私有网络地址的局域网访问互联网的，而 DNAT 则是通过修改包的目标地址来实现的，端口转发、负载均衡和透明代码都属于 DNAT。

SNAT 和 DNAT 的使用示例如下。

#SNAT 改变源地址为 202.113.12.100
[root@office ~]iptables -t nat -A POSTROUTING -o ens33 -j SNAT -to 202.113.12.100
#DNAT 将目标地址 202.113.12.100 改为 192.168.232.200
[root@office ~]iptables -t nat -A PREROUTING -p tcp -I ens34 -d 202.113.12.100 -dport 80 -j DNAT -to
192.168.232.200:80

实验：网络故障排除

实验目标

- 了解网络配置的主要流程和参数
- 掌握常用网络测试命令
- 掌握 IP 地址、网关、DNS 的作用及配置

实验任务描述

小张的同事小陆也在 VMware Workstation 中创建了一台 CentOS 9 的虚拟机，并且手动配置了 IP 地址，最后却发现这台虚拟机不能与因特网通信，于是小陆找到老李，想让他帮忙查找一下网络有哪些故障。

实验环境要求

- Windows 桌面操作系统（建议使用 Windows 10）
- CentOS 9 操作系统

实验步骤

第 1 步：登录系统，切换为 root 用户，如图 3-13 所示。

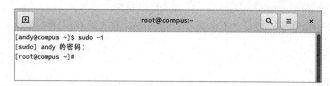

◎ 图 3-13　切换为 root 用户

第 2 步：查看 IP 地址，如图 3-14 所示。

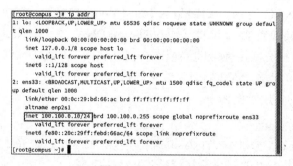

◎ 图 3-14　查看 IP 地址

第 3 步：因为这个虚拟机是在 VMware Workstation 中创建的，查看一下虚拟机的网络设置，如图 3-15 所示。

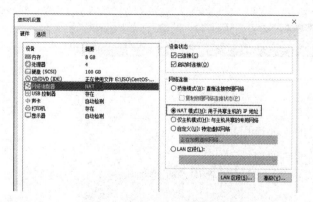

◎ 图 3-15　查看虚拟机的网络设置

第 4 步：由于虚拟网卡使用的是 NAT 模式，接下来查看 VMware Workstation 中虚拟网络编辑器的设置，如图 3-16 所示。

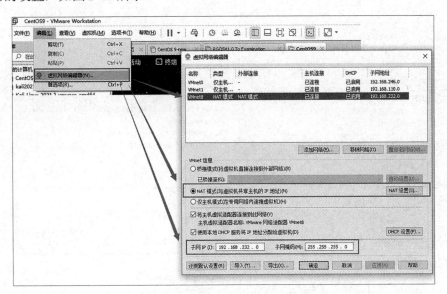

◎ 图 3-16　查看虚拟网络编辑器设置

第 5 步：虚拟网络编辑器中设置的网段为 192.168.232.0，而当前 Linux 虚拟机的 IP 网段为 100.100.0.10/24，可见 IP 地址网段配置错误。查看 Linux 虚拟机中的 IP 地址配置，执行如下命令：

vi /etc/NetworkManager/system-connections/ens33.nmconnection

显示效果如图 3-17 所示。

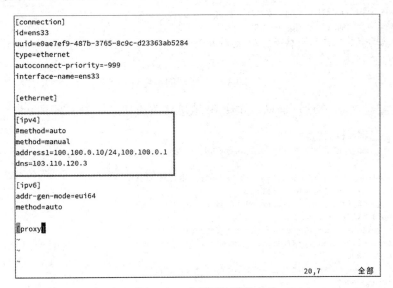

◎ 图 3-17　查看网络配置文件

第 6 步：当前 IP 地址配置方式为手动方式（method=manual），通过前面的查看，需要将 IP 地址设置为 192.168.232.0 网段内的，网关设置为 192.168.232.2。网关地址设置情况可以查看 VMware Workstation 中虚拟网络编辑器的设置，如图 3-18 所示。

将 Linux 虚拟机的 IP 地址设置为 192.168.232.150/24，网关设置为 192.168.232.2。配置文件修改如图 3-19 所示。

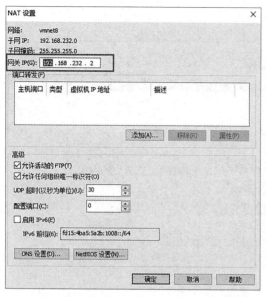

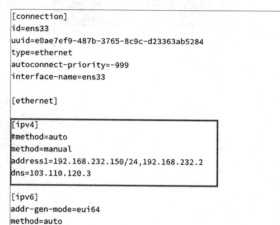

◎ 图 3-18　查看虚拟机 NAT 设置中的网关信息　　　　◎ 图 3-19　修改 IP 地址参数

第 7 步：将配置文件保存并退出后，执行如下命令：

```
# nmcli c reload
# nmcli c up ens33
```

命令执行效果如图 3-20 所示。

```
[root@compus ~]# nmcli c reload
[root@compus ~]# nmcli c up ens33
连接已成功激活（D-Bus 活动路径: /org/freedesktop/NetworkManager/ActiveConnection/4）
[root@compus ~]#
```

◎ 图 3-20　激活网络配置

第 8 步：查看当前 IP 地址信息，发现 IP 地址修改成功，如图 3-21 所示。

```
[root@compus ~]# ip addr
1: lo: <LOOPBACK,UP,LOWER_UP> mtu 65536 qdisc noqueue state UNKNOWN group default qlen
 1000
    link/loopback 00:00:00:00:00:00 brd 00:00:00:00:00:00
    inet 127.0.0.1/8 scope host lo
       valid_lft forever preferred_lft forever
    inet6 ::1/128 scope host
       valid_lft forever preferred_lft forever
2: ens33: <BROADCAST,MULTICAST,UP,LOWER_UP> mtu 1500 qdisc fq_codel state UP group def
ault qlen 1000
    link/ether 00:0c:29:bd:66:ac brd ff:ff:ff:ff:ff:ff
    altname enp2s1
    inet 192.168.232.150/24 brd 192.168.232.255 scope global noprefixroute ens33
       valid_lft forever preferred_lft forever
    inet6 fe80::20c:29ff:febd:66ac/64 scope link noprefixroute
       valid_lft forever preferred_lft forever
[root@compus ~]#
```

◎ 图 3-21　查看 IP 地址

第 9 步：测试网络。执行 ping www.baidu.com 命令，发现外网还是 ping 不通，尝试 ping 网关却发现可以 ping 通，如图 3-22 所示。

```
[root@compus ~]# ping www.baidu.com
ping: www.baidu.com: 未知的名称或服务
[root@compus ~]# ping 192.168.232.2
PING 192.168.232.2 (192.168.232.2) 56(84) 比特的数据。
64 比特，来自 192.168.232.2: icmp_seq=1 ttl=128 时间=0.201 毫秒
64 比特，来自 192.168.232.2: icmp_seq=2 ttl=128 时间=0.232 毫秒
64 比特，来自 192.168.232.2: icmp_seq=3 ttl=128 时间=0.766 毫秒
64 比特，来自 192.168.232.2: icmp_seq=4 ttl=128 时间=0.298 毫秒
64 比特，来自 192.168.232.2: icmp_seq=5 ttl=128 时间=0.317 毫秒
64 比特，来自 192.168.232.2: icmp_seq=6 ttl=128 时间=0.334 毫秒
64 比特，来自 192.168.232.2: icmp_seq=7 ttl=128 时间=0.213 毫秒
^C
--- 192.168.232.2 ping 统计 ---
已发送 7 个包，已接收 7 个包，0% packet loss, time 6134ms
rtt min/avg/max/mdev = 0.201/0.337/0.766/0.181 ms
[root@compus ~]#
```

◎ 图 3-22　测试网络连通性

第 10 步：可以与网关通信，但不能访问因特网，很可能是 DNS 服务器配置错误（保证宿主机可以联网的前提下）。修改 DNS 服务器地址为 8.8.8.8，如图 3-23 所示。

```
[connection]
id=ens33
uuid=e0ae7ef9-487b-3765-8c9c-d23363ab5284
type=ethernet
autoconnect-priority=-999
interface-name=ens33

[ethernet]

[ipv4]
#method=auto
method=manual
address1=192.168.232.150/24,192.168.232.2
dns=8.8.8.8

[ipv6]
addr-gen-mode=eui64
method=auto
```

◎ 图 3-23　修改 DNS 参数

第 11 步：执行如下命令，重新激活网络配置。

```
# nmcli c reload
# nmcli c up ens33
```

再次测试网络连通性，发现 Linux 虚拟机可以访问外网，如图 3-24 所示。

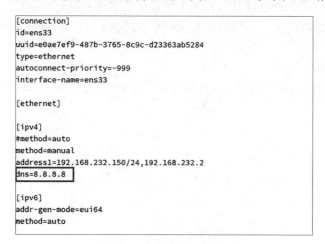

```
[root@compus ~]# ping www.baidu.com
PING www.a.shifen.com (220.181.38.149) 56(84) 比特的数据。
64 比特，来自 220.181.38.149 (220.181.38.149): icmp_seq=1 ttl=128 时间=9.00 毫秒
64 比特，来自 220.181.38.149 (220.181.38.149): icmp_seq=2 ttl=128 时间=31.5 毫秒
64 比特，来自 220.181.38.149 (220.181.38.149): icmp_seq=3 ttl=128 时间=14.5 毫秒
64 比特，来自 220.181.38.149 (220.181.38.149): icmp_seq=4 ttl=128 时间=8.94 毫秒
64 比特，来自 220.181.38.149 (220.181.38.149): icmp_seq=5 ttl=128 时间=7.80 毫秒
64 比特，来自 220.181.38.149 (220.181.38.149): icmp_seq=6 ttl=128 时间=8.25 毫秒
64 比特，来自 220.181.38.149 (220.181.38.149): icmp_seq=7 ttl=128 时间=8.73 毫秒
^C
--- www.a.shifen.com ping 统计 ---
已发送 7 个包，已接收 7 个包，0% packet loss, time 6013ms
rtt min/avg/max/mdev = 7.800/12.673/31.546/7.979 ms
[root@compus ~]#
```

◎ 图 3-24　访问外网成功

任务巩固

1. 给 Linux 操作系统配置网络参数时，都需要配置哪些参数？
2. 为 Linux 操作系统设置 IP 地址时，有哪些设置方式？
3. CentOS 9 中配置网络参数的配置文件是什么？
4. 发现一台主机无法连网，如何排除故障？总结一下操作思路。

任务总结

计算机网络在现代生活中的作用越来越重要，如果一台主机无法连网，它的功能和作用便会大大降低，所以掌握系统的网络配置就十分重要。对于一台计算机，网络配置的主要参数包括 IP 地址、网关和 DNS 服务器。通过本任务的学习，大家要熟练掌握网络参数的配置过程，常用的网络管理命令，以及查看网络信息、监视网络状态的方法。在工作中，会经常发生计算机无法连网的情况，这时熟练掌握网络故障排除的一般流程及主要操作就显得尤为重要了。

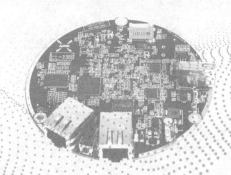

任务四

Linux 操作系统下的软件管理

任务背景及目标

　　通过几天的学习和实践，小张已经基本掌握了 Linux 操作系统的网络配置及防火墙的使用，他安装的 Linux 操作系统可以正常访问网络，这让他非常高兴，知道离工作目标又近了一步，于是他又来找老李。

　　小张：李工，我现在已经学会如何在 Linux 操作系统下进行网络配置了，而且我安装的 Linux 操作系统可以正常访问网络，现在该学习如何在 Linux 操作系统下安装软件了吧？

　　老李：嗯，你小子挺麻利的嘛。好，那咱们今天就开始学习如何在 Linux 操作系统下安装软件。你说说，在操作系统下安装软件有哪些方法呢？

　　小张：在 Windows 操作系统下安装软件，通常需要有安装文件，一般是 EXE 格式的可执行文件或 MSI 格式的安装包，在图形化界面下，用鼠标双击安装文件就会提示安装，之后一般就是单击"下一步"按钮，有时需要进行一些参数的设置。咱们现在是在 Linux 操作系统的命令行下进行软件的安装与管理，我还真是不太了解。

　　老李：Linux 操作系统下的软件安装和管理基本有两种方式，一种是把安装包下载到本地，然后使用 RPM 工具进行安装，还有一种方式是在线安装。这两种方式都很常用，都要熟练地掌握。

　　小张：好的，我知道了，我现在就去找资料，学习如何使用这两种方式进行软件安装和管理。

职业能力目标

- 了解 Linux 软件包的类型和作用
- 掌握使用 RPM 方式进行软件的安装与管理
- 掌握 RPM 常用命令的使用
- 掌握使用 YUM 方式进行软件的安装与管理
- 掌握配置本地 YUM 源的方法

知识结构

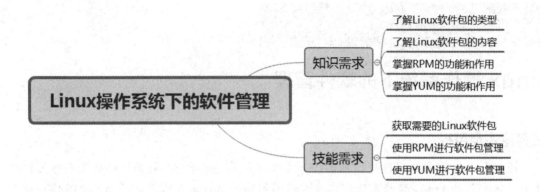

课前自测

- 什么是 Linux 软件包？Linux 软件包有哪些类型？
- 什么是 RPM？RPM 有什么功能？
- 使用 RPM 进行软件包管理有哪些特点？
- 什么是 YUM？YUM 有什么功能？

4.1 使用 RPM 进行软件包管理

4.1.1 Linux 软件包

Linux 操作系统下有大量软件包，这些软件包几乎都是经过 GPL 授权、免费开源的。Linux 下的软件包大致可以分为两种，分别是源码包和二进制包。

1. 源码包

源码包就是软件源代码程序，是由程序员按照特定的格式和语法编写出来的。计算机只能识别机器语言，也就是二进制语言，所以源码包需要经过编译器的编译，把源代码翻译成二进制代码，才能让计算机识别并运行。

源码包一般包含多个文件，为了方便发布，通常会将源码包做打包压缩处理，Linux 操作系统中最常用的打包压缩格式为 TAR.GZ，因此源码包又被称为 Tarball。

源码包需要用户自己去相应的网站下载，包中通常包含以下几项内容。

- 源代码文件。
- 配置和检测程序（如 configure 或 config 等）。
- 软件安装说明和软件说明（如 INSTALL 或 README）。

使用源码包安装软件的主要好处有以下几点。

- 开源。
- 可以自由选择所需要的功能。

- 软件是编译安装的，更加适合自己的系统，更加稳定，效率较高。
- 卸载方便。

使用源码包安装软件也有以下不足：安装过程步骤较多，尤其是安装较大的软件集合时，容易出现拼写错误；编译时间较长；安装过程是编译安装的，一旦系统报错，难以处理。

2. 二进制包

二进制包即源码包经过成功编译之后产生的包。由于二进制包在发布之前就已经完成了编译的工作，因此用户安装软件的速度较快，且安装过程报错的概率大大减小。

二进制包是 Linux 操作系统下默认的软件安装包，目前主要有两种主流的二进制包管理系统，分别介绍如下。

- RPM 包管理系统：功能强大，安装、升级、查询和卸载非常方便。
- DPKG 包管理系统：由 Debian Linux 开发的包管理机制，主要应用在 Debian 和 Ubuntu Linux 操作系统中。

相比源码包，二进制包是在软件发布时已经进行过编译的软件包，所以安装速度比源码包快得多。也正是因为已经进行过编译，所以大家无法看到软件的源代码。

使用二进制包安装软件具有以下好处。

- 包管理系统简单，只需通过几个命令就可以实现包的安装、升级、查询和卸载。
- 安装速度比源码包安装快得多。

使用二进制包安装软件的不足之处主要有以下几点。

- 经过编译，不能再看到源代码。
- 功能选择不如源码包灵活。
- 软件包之间的依赖性太强。有时我们会发现，在安装软件包 a 时需要先安装 b 和 c，而在安装 b 时需要先安装 d 和 e。这就需要先安装 d 和 e，再安装 b 和 c，最后才能安装 a。

4.1.2　RPM 概述

1. 什么是 RPM

RPM 是一个开放的软件包管理系统，其全称是 Red Hat Package Manager。它由 Red Hat 公司提出，并被众多 Linux 发行版本所采用，已成为 Linux 操作系统中公认的软件包管理标准。RPM 的发布基于 GPL 协议，由 RPM 社区负责维护，可以登录 RPM 官网查询最新的信息。

2. RPM 的功能

RPM 使用广泛，主要包括以下功能。

- 安装：将软件从包中解压出来，并且安装到硬盘上。
- 卸载：将软件从硬盘中清除。
- 升级：替换软件的旧版本。
- 查询：查询软件包的信息。
- 验证：检验系统中的软件与包中软件的区别。

3. RPM 包的名称格式

RPM 包的名称有其特有的格式，通常表示如下：

name-version.type.rpm

- name：软件的名称。
- version：软件的版本号。
- type：包的类型，包括以下几种。
  - ➢ i[3456]86：表示是在 Intel x86 计算机平台上编译的。
  - ➢ x86_64：表示是在 64 位的 Intel x86 计算机平台上编译的。
  - ➢ noarch：表示已编译的代码与平台无关。
  - ➢ src：表示源代码包。
- rpm：文件扩展名。

4.1.3 rpm 命令的使用

1. rpm 命令的常见用法

rpm 命令可以用来查询包信息，安装或卸载 RPM 包，其常见用法如表 4-1 所示。

表 4-1　rpm 命令常见用法

命令格式	说明
rpm -i <.rpm file name>	安装指定的 RPM 文件
rpm -U <.rpm file name>	用指定的 RPM 文件升级同名包
rpm -e <package-name>	删除指定的软件包
rpm -q <package-name>	查询指定的软件包在系统中是否安装
rpm -qa	查询系统中安装的所有 RPM 软件包
rpm -qf </path/to/file>	查询系统中指定文件所属的软件包
rpm -qi <package-name>	查询一个已安装软件包的描述信息
rpm -ql <package-name>	查询一个已安装软件包里所包含的文件
rpm -qc <package-name>	查看一个已安装软件包的配置文件的位置
rpm -qd <package-name>	查看一个已安装软件的文档安装位置
rpm -q --whatrequires <package-name>	查询依赖于一个已安装软件包的所有 RPM 包
rpm -q --requires <package-name>	查询一个已安装软件包的依赖要求
rpm -q --scripts <package-name>	查询一个已安装软件包的安装、删除脚本
rpm -q --conflicts <package-name>	查询与一个已安装软件包相冲突的 RPM 包
rpm -q --obsoletes <package-name>	查询一个已安装软件包安装时删除的被视为"废弃"的包
rpm -q --changelog <package-name>	查询一个已安装软件包的变更日志
rpm -V <package-name>	校验指定的软件包
rpm -Vf </path/to/file>	校验包含指定文件的软件包
rpm -Vp <.rpm file name>	校验指定的未安装的 RPM 文件
rpm -Va	校验所有已安装的软件包

续表

命令格式	说明
rpm --rebuilddb	重建系统的 RPM 数据库，用于不能安装和查询的情况
rpm --import <key file>	导入指定的 RPM 包的签名文件
rpm -Kv --nosignature <.rpm file name >	检查指定的 RPM 文件是否已损坏或被恶意篡改
rpm -K <.rpm file name>	检查指定 RPM 文件的 GunPG 签名

使用 rpm 命令进行软件包管理时，需要注意以下几点。

- 在安装 / 升级软件时，可以使用 -vh 参数，其中 v 表示在安装过程中显示较详细的信息；h 表示显示水平进度条。
- 所有的 <.rpm file name> 既可以是本地文件，也可以是远程文件。
- 除了可以对已安装的 RPM 包进行查询，还可以对未安装的 RPM 文件进行查询。
- 校验软件包将检查软件包中的所有文件与系统中所安装的是否一致，包括校验码文件大小、存取权限和属主属性都将根据数据库进行校验。在用户安装了新程序以后某些文件遭到破坏时也可以使用该操作。

2. rpm 命令使用示例

示例 1：

```
# 查询本地已安装的所有软件包
[root@office ~]# rpm -qa
libgcc-11.3.1-2.el9.x86_64
fonts-filesystem-2.0.5-7.el9.1.noarch
linux-firmware-whence-20220209-125.el9.noarch
crypto-policies-20220427-1.gitb2323a1.el9.noarch
hwdata-0.348-9.3.el9.noarch
liberation-fonts-common-2.1.3-4.el9.noarch
xkeyboard-config-2.33-2.el9.noarch
tzdata-2022a-1.el9.noarch
hyperv-daemons-license-0-0.39.20190303git.el9.noarch
gnome-control-center-filesystem-40.0-22.el9.noarch
abattis-cantarell-fonts-0.301-4.el9.noarch
...
# 查询本地已安装的包含 network 关键字的所有软件包
[root@office ~]# rpm -qa | grep network
glib-networking-2.68.3-3.el9.x86_64
containernetworking-plugins-1.1.1-1.el9.x86_64
dracut-network-055-30.git20220216.el9.x86_64
```

Apache 是一个 Web 服务器配置工具，本书任务七中会详细介绍 Apache 的用法。Linux 操作系统默认是没有安装 Apache 服务的。下面通过示例 2 ～示例 4 讲解使用 rpm 命令进行 Apache 的本地安装、校验与卸载。

示例 2：

```
# 获取 httpd 的 RPM 包。可以从网上下载，也可以在安装光盘中得到。本例从安装光盘中复制到本地
# 挂载光驱到 /mnt 目录下
[root@office ~]# mount /dev/cdrom /mnt
mount: /mnt: WARNING: source write-protected, mounted read-only.
# 进到光驱目录并查看目录结构
[root@office ~]# cd /mnt
[root@office mnt]# ls
AppStream BaseOS EFI EULA extra_files.json images isolinux LICENSE media.repo TRANS.TBL
[root@office mnt]# cd AppStream/Packages/
[root@office Packages]# ls http*
httpcomponents-client-4.5.13-2.el9.noarch.rpm  httpd-manual-2.4.51-8.el9.noarch.rpm
httpcomponents-core-4.4.13-6.el9.noarch.rpm    httpd-tools-2.4.51-8.el9.x86_64.rpm
httpd-2.4.51-8.el9.x86_64.rpm                  http-parser-2.9.4-6.el9.i686.rpm
httpd-devel-2.4.51-8.el9.x86_64.rpm            http-parser-2.9.4-6.el9.x86_64.rpm
httpd-filesystem-2.4.51-8.el9.noarch.rpm


# 安装 httpd 的 RPM 包。因为存在依赖关系，需要先安装 httpd-filesystem 和 httpd-tools 包
[root@office /]# rpm -ivh /mnt/AppStream/Packages/httpd-filesystem-2.4.51-8.el9.noarch.rpm
Verifying...             ############################### [100%]
准备中 ...                ############################### [100%]
        软件包 httpd-filesystem-2.4.51-8.el9.noarch 已经安装
[root@office /]# rpm -ivh /mnt/AppStream/Packages/httpd-tools-2.4.51-8.el9.x86_64.rpm
Verifying...             ############################### [100%]
准备中 ...                ############################### [100%]
正在升级 / 安装 ...
   1:httpd-tools-2.4.51-8.el9     ############################### [100%]
[root@office /]# rpm -ivh /mnt/AppStream/Packages/httpd-2.4.51-8.el9.x86_64.rpm
Verifying...             ############################### [100%]
准备中 ...                ############################### [100%]
正在升级 / 安装 ...
   1:httpd-2.4.51-8.el9           ############################### [100%]
安装完 RPM 包后，可以查看相关信息
```

示例 3：

```
# 查看 Apache 服务是否安装
[root@office /]# rpm -qa | grep httpd
centos-logos-httpd-90.4-1.el9.noarch
httpd-filesystem-2.4.51-8.el9.noarch
httpd-tools-2.4.51-8.el9.x86_64
httpd-2.4.51-8.el9.x86_64
```

```
# 查看 httpd 包详细信息
[root@office /]# rpm -qi httpd
Name      : httpd
Version   : 2.4.51
Release   : 8.el9
Architecture: x86_64
Install Date: 2023 年 01 月 27 日 星期五 10 时 46 分 50 秒
Group     : Unspecified
Size      : 4903912
License   : ASL 2.0
Signature  : RSA/SHA256, 2022 年 04 月 27 日 星期三 21 时 41 分 26 秒 , Key ID 05b555b38483c65d
Source RPM : httpd-2.4.51-8.el9.src.rpm
Build Date : 2022 年 04 月 12 日 星期二 00 时 19 分 55 秒
Build Host : x86-03.stream.rdu2.redhat.com
Packager  : builder@centos.org
Vendor    : CentOS
URL       : https://httpd.apache.org/
Summary   : Apache HTTP Server
Description :
The Apache HTTP Server is a powerful, efficient, and extensible
web server.
# 查看 httpd 包安装目录
[root@office /]# rpm -ql httpd
/etc/httpd/conf
/etc/httpd/conf.d/autoindex.conf
/etc/httpd/conf.d/userdir.conf
/etc/httpd/conf.d/welcome.conf
/etc/httpd/conf.modules.d
/etc/httpd/conf.modules.d/00-base.conf
/etc/httpd/conf.modules.d/00-dav.conf
/etc/httpd/conf.modules.d/00-mpm.conf
/etc/httpd/conf.modules.d/00-optional.conf
/etc/httpd/conf.modules.d/00-proxy.conf
/etc/httpd/conf.modules.d/00-systemd.conf
...
```

示例 4：

```
# 卸载 httpd
[root@office /]# rpm -e httpd
[root@office /]# rpm -e httpd-tools
[root@office /]# rpm -e httpd-filesystem
[root@office /]# rpm -qa | grep httpd
```

4.2 使用 YUM 进行软件安装

4.2.1 YUM 概述

1. 为什么使用 YUM

Linux 操作系统维护过程中最让管理员头疼的就是软件包之间的依赖性问题了，经常是要安装 A 软件时，系统编译器会告诉你 A 软件安装之前需要 B 软件，而安装 B 软件的时候，又告诉你需要 C 软件。由于历史原因，RPM 软件包管理系统对软件之间的依存关系没有内部定义，造成安装 RPM 软件时经常出现令人无法理解的软件依赖性问题。

开源社区早就注意到了这个问题并尝试进行解决，不同的 Linux 发行版推出了各自的工具，其中应用比较广泛的包括 Yellow Dog 的 YUM（Yellow dog Updater Modified）和 Debian 的 APT（Advanced Packaging Tool）。开发这些工具的目的就是解决安装 RPM 时的依赖性问题，而不是额外再建立一套安装模式。这些工具也被开源软件爱好者逐渐移植到了其他 Linux 发行版上。目前 YUM 是 CentOS/Fedora 系统上默认安装的更新系统。

2. 什么是 YUM

YUM 最早由 Yellow Dog 发行版的开发者 Terra Soft 研发，用 Python 写成，那时叫作 YDP（Yellow Dog Updater），后由杜克大学的 Linux@Duke 开发团队进行改进，最终称为 YUM。

YUM 的宗旨是自动化地升级、安装、移除 RPM 包，收集 RPM 包的相关信息，检查依赖性并自动提示用户解决。YUM 使用方便，具有以下几个特点。
- 自动解决包的依赖性问题，能更方便地添加 / 删除 / 更新 RPM 包。
- 便于管理大量系统的更新问题。
- 可以同时配置多个仓库（repository）。
- 简洁的配置文件（/etc/yum.conf）。
- 保持与 RPM 数据库的一致性。
- 有比较详细的日志，可以查看何时升级安装了什么软件包等。

3. YUM 组件

YUM 包含如下组件。

（1）yum 命令
- 通过 yum 命令可以使用 YUM 提供的众多功能。
- 由名为 yum 的软件提供（默认已安装）。

（2）YUM 插件
- 由官方或第三方开发的 YUM 插件用于扩展 YUM 的功能。
- 通常由名为 yum-<pluginname> 的软件包提供。

（3）YUM 仓库
- YUM 仓库（repository）也称为"更新源"。
- 一个 YUM 仓库就是一个包含了仓库数据的存放众多 RPM 文件的目录。

- YUM 仓库必须包含一个名为 repodata 的子目录用于存放仓库数据，仓库数据包含所有 RPM 包的各种信息，包括描述、功能、提供的文件、依赖性等信息。
- YUM 客户通过访问 YUM 仓库数据进行分析并完成查询、安装、更新等操作。
- YUM 客户可以使用 HTTP、FTP 或 FILE（本地文件）协议访问 YUM 仓库。
- YUM 客户可以使用官方和第三方提供的众多 YUM 仓库更新系统。
- createrepo、yum-utils 等软件包中提供了 YUM 仓库管理工具。

（4）YUM 缓存
- YUM 客户运行时会从软件仓库下载 YUM 仓库文件和 RPM 包文件。
- 下载的文件默认被缓存在 /var/cache/yum 目录中。
- 可以修改 YUM 的配置文件配置 YUM 的缓存行为。

4.2.2 yum 命令的使用

1. yum 命令语法格式

yum 是 YUM 系统的字符界面管理工具，其语法格式如下：

yum [全局参数] 命令 [命令参数]

常用的全局参数介绍如下。
- -y：对 yum 命令的所有提问回答"是（yes）"。
- -C：只利用本地缓存，不从远程仓库下载文件。
- --enablerepo=REPO：临时启用指定的名为 REPO 的仓库。
- --disablerepo=REPO：临时禁用指定的名为 REPO 的仓库。
- --installroot=PATH：指定安装软件时的根目录，主要用于为 chroot 环境安装软件。

2. yum 命令的常见用法

yum 命令的常见用法如表 4-2 所示。

表 4-2 yum 命令的常见用法

命令格式	功能
yum check-update	检查可更新的所有软件包
yum update	下载更新系统已安装的所有软件包
yum upgrade	功能与 update 相似，区别是 yum upgrade 会删除旧版本的 package，而 yum update 则会保留
yum install <packages>	安装新的软件包
yum update <packages>	更新指定的软件包
yum remove <packages>	移除指定的软件包
yum localinstall <rpmfile>	安装本地的 RPM 包（与 rpm -i 命令的不同在于同时安装依赖的包）
yum localupdate <rpmfile>	更新本地的 RPM 包（与 rpm -U 命令的不同在于同时安装依赖的包）
yum groupinstall <groupnames>	安装指定软件组中的软件包
yum groupupdate <groupnames>	更新指定软件组中的软件包
yum groupremove <groupnames>	卸载指定软件组中的软件包

命令格式	功能
yum grouplist	查看系统中已经安装的和可用的软件组
yum list	列出资源库中所有可以安装或更新的 RPM 包，以及已经安装的 RPM 包
yum list <regex>	列出资源库中与正则表达式匹配的，可以安装或更新的 RPM 包，以及已经安装的 RPM 包
yum list available	列出资源库中所有可以安装的 RPM 包
yum list available <regex>	列出资源库中与正则表达式匹配的所有可以安装的 RPM 包
yum list updates	列出资源库中所有可以更新的 RPM 包
yum list updates <regex>	列出资源库中与正则表达式匹配的所有可以更新的 RPM 包
yum list installed	列出资源库中所有已经安装的 RPM 包
yum list installed <regex>	列出资源库中与正则表达式匹配的所有已经安装的 RPM 包
yum list extras	列出已经安装的但是不包含在资源库中的 RPM 包
yum list extras <regex>	列出与正则表达式匹配的且已经安装的，但是不包含在资源库中的 RPM 包
yum list recent	列出最近被添加到资源库中的软件包
yum search <regex>	检测所有可用的软件的名称、描述、概述和已列出的维护者，查找与正则表达式匹配的值
yum provides <regex>	检测软件包中包含的文件以及软件提供的功能，查找与正则表达式匹配的值
yum clean headers	清除缓存中的 RPM 头文件
yum clean packages	清除缓存中的 RPM 包文件
yum clean all	清除缓存中的 RPM 头文件和包文件
yum deplist <packages>	显示软件包的依赖信息

3．yum 命令使用示例

　　下面通过示例来了解 yum 命令的用法和功能。该示例的前提是系统已经联网，默认情况下已经安装了 YUM 并配置了默认的 YUM 源。

```
# 升级系统
[root@office /]# yum -y update
上次元数据过期检查：1:09:51 前，执行于 2023 年 01 月 27 日 星期五 15 时 10 分 02 秒。
依赖关系解决。
无须任何处理。
完毕！
# 安装指定的软件包
[root@office /]# yum -y install git lftp
# 升级指定的软件包
[root@office /]# yum -y update git lftp
# 卸载指定的软件包
[root@office /]# yum -y remove git lftp
# 查看系统中已经安装的和可用的软件组
[root@office /]# yum grouplist
上次元数据过期检查：1:13:35 前，执行于 2023 年 01 月 27 日 星期五 15 时 10 分 02 秒。
```

```
可用环境组：
  Server
  Minimal Install
  Workstation
  Custom Operating System
  Virtualization Host
已安装的环境组：
  Server with GUI
已安装组：
  Container Management
  Headless Management
可用组：
  Legacy UNIX Compatibility
  Console Internet Tools
  Development Tools
  .NET Development
  Graphical Administration Tools
  Network Servers
  RPM Development Tools
  Scientific Support
  Security Tools
  Smart Card Support
  System Tools
# 清除缓存中的 RPM 头文件和包文件
[root@office /]# yum clean all
23 文件已删除
# 搜索相关的软件包
[root@office /]# yum search python
```

4.2.3 YUM 配置文件

YUM 配置文件包括主配置文件和仓库配置文件两种，分别介绍如下。

1. 主配置文件 /etc/yum.conf

文件 /etc/yum.conf 中存放了 YUM 的基本配置参数，即主配置，下面列出默认的配置并进行说明。

```
[main]
gpgcheck=1                              // 默认检查软件包的合法来源
installonly_limit=3                     // 一次最多只能安装三个软件
clean_requirements_on_remove=True      // 卸载的同时清理不再需要的包
best=True
skip_if_unavailable=False              // 如果不可用就报错
```

2. 仓库配置文件 /etc/yum.repos.d/*.repo

YUM 使用仓库配置文件（文件名以 .repo 结尾的文件）配置仓库的镜像站点地址等配置

信息。CentOS 9 中默认的仓库配置文件是 centos.repo。所有仓库配置文件的语法相同，采用分段形式，每一段配置一个软件仓库，配置语法格式如下：

[Repo_Name]: 仓库名称

name：描述信息 // 如果有两个仓库，描述信息不能一样

baseurl：仓库的具体路径，接受以下三种类型

　　ftp：//

　　http：//

　　file：/// // 前面两个左斜杠表示协议，本地的意思；后面的一个左斜杠表示系统根目录

enable：　　// 可选值 {1|0}，1 为启用此仓库，0 为禁用此仓库

gpgcheck：// 可选值 {1|0}，1 为检查软件包来源合法性，0 为不检查来源

　　// 如果 gpgcheck 设为 1，则必须用 gpgcheck 定义密钥文件的具体路径

　　gpgkey=/PATH/TO/KEY　//gpgkey=key 的位置

centos.repo 文件的内容如下。

```
[baseos]
name=CentOS Stream $releasever - BaseOS
metalink=https://mirrors.centos.org/metalink?repo=centos-baseos-$stream&arch=$basearch&protocol=https,http
gpgkey=file:///etc/pki/rpm-gpg/RPM-GPG-KEY-centosofficial
gpgcheck=1
repo_gpgcheck=0
metadata_expire=6h
countme=1
enabled=1

[baseos-debuginfo]
name=CentOS Stream $releasever - BaseOS - Debug
metalink=https://mirrors.centos.org/metalink?repo=centos-baseos-debug-$stream&arch=$basearch&protocol=https,
http
gpgkey=file:///etc/pki/rpm-gpg/RPM-GPG-KEY-centosofficial
gpgcheck=1
repo_gpgcheck=0
metadata_expire=6h
enabled=0
...
```

4.2.4　配置 YUM 仓库

1. CentOS 的 YUM 仓库

仓库配置文件 /etc/yum.repos.d/*.repo 配置了 yum 命令在安装和查询软件时连接的 YUM 仓库地址，CentOS 的 YUM 仓库存放在 CentOS 的镜像站点中。

下面通过命令查看由 centos.repo 配置的官方仓库。

```
[root@office yum.repos.d]# yum repolist
```

仓库 id	仓库名称
appstream	CentOS Stream 9 - AppStream
baseos	CentOS Stream 9 - BaseOS
extras-common	CentOS Stream 9 - Extras packages

上面查询出的是系统默认的 YUM 源，也就是 YUM 仓库。

2. 仓库的启用与禁用

要启用或禁用一个仓库，除了直接修改仓库配置文件中的 enabled=0/1，还可以使用 yum-config-manager 命令。

例如，要禁用 appstream 仓库，可以使用如下命令。

```
[root@office yum.repos.d]# yum-config-manager --disable appstream
# 禁用后再查看 YUM 仓库，发现 appstream 仓库不可用了
[root@office yum.repos.d]# yum repolist
仓库 id                    仓库名称
baseos                    CentOS Stream 9 - BaseOS
extras-common             CentOS Stream 9 - Extras packages
# 启用 appstream 仓库后再查看 YUM 仓库
[root@office yum.repos.d]# yum-config-manager --enable appstream
[root@office yum.repos.d]# yum repolist
仓库 id                    仓库名称
appstream                 CentOS Stream 9 - AppStream
baseos                    CentOS Stream 9 - BaseOS
extras-common             CentOS Stream 9 - Extras packages
```

3. 配置国内 YUM 仓库

因为默认的 YUM 仓库服务器在国外，有时会存在网速慢甚至断网的情况。为了提高速度，保证数据安全性等，可以考虑使用国内源。

首先执行如下命令将系统默认的配置备份。

```
[root@office yum.repos.d]# mkdir bak
[root@office yum.repos.d]# mv centos* bak
[root@office yum.repos.d]# ls
bak
```

然后创建一个新的 REPO 文件，这里使用国内的阿里云的 YUM 源，具体文件内容如下。

```
# vi aliyun.repo
[base]
name=CentOS-$releasever - Base - mirrors.aliyun.com
#failovermethod=priority
baseurl=https://mirrors.aliyun.com/centos-stream/$stream/BaseOS/$basearch/os/
    http://mirrors.aliyuncs.com/centos-stream/$stream/BaseOS/$basearch/os/
    http://mirrors.cloud.aliyuncs.com/centos-stream/$stream/BaseOS/$basearch/os/
```

```
gpgcheck=1
gpgkey=https://mirrors.aliyun.com/centos-stream/RPM-GPG-KEY-CentOS-Official

[AppStream]
name=CentOS-$releasever - AppStream - mirrors.aliyun.com
#failovermethod=priority
baseurl=https://mirrors.aliyun.com/centos-stream/$stream/AppStream/$basearch/os/
    http://mirrors.aliyuncs.com/centos-stream/$stream/AppStream/$basearch/os/
    http://mirrors.cloud.aliyuncs.com/centos-stream/$stream/AppStream/$basearch/os/
gpgcheck=1
gpgkey=https://mirrors.aliyun.com/centos-stream/RPM-GPG-KEY-CentOS-Official
```

最后执行如下命令清除系统中的 YUM 缓存，并查看当前系统可用的 YUM 源。

```
[root@office yum.repos.d]# yum clean all
13 文件已删除
[root@office yum.repos.d]# yum repolist
仓库 id                    仓库名称
AppStream                  CentOS-9 - AppStream - mirrors.aliyun.com
base                       CentOS-9 - Base - mirrors.aliyun.com
```

4. 使用安装光盘作为本地仓库

CentOS 的安装光盘中提供了与 base 仓库中完全一致的软件包，因此也可以使用安装光盘制作本地仓库，具体执行命令如下。

```
// 将 REPO 文件进行备份
[root@office yum.repos.d]# mv aliyun.repo bak
// 创建光盘挂装点目录
[root@office yum.repos.d]# mkdir /mnt/centos
[root@office yum.repos.d]# mount /dev/cdrom /mnt/centos
mount: /mnt/centos: WARNING: source write-protected, mounted read-only.
// 编辑仓库配置文件 /etc/yum.repos.d/cdrom.repo
[root@office yum.repos.d]# vi cdrom.repo
[centos-baseOS]
name=CentOS-baseOS
baseurl=file:///mnt/CentOS/
gpgcheck=1
enabled=1
[root@office yum.repos.d]# yum clean all
0 文件已删除
[root@office yum.repos.d]# yum repolist
仓库 id                    仓库名称
centos-baseOS              CentOS-baseOS
```

实验：管理 Linux 操作系统下的软件

实验目标

- 掌握 Linux 操作系统下软件包的查询方法
- 掌握获取 Linux 软件包的常用方法
- 掌握使用 RPM 进行软件包管理的方法
- 掌握使用 YUM 进行软件包管理的方法

实验任务描述

小张安装完成的 Linux 操作系统中只安装了系统默认的一些软件包，他想要统计出当前系统已经安装了哪些软件。小张安装的 Linux 操作系统以后主要作为 Web 服务器使用，为了便于管理，提高系统的可用性，需要安装一些性能监控软件。

实验环境要求

- Windows 桌面操作系统（建议使用 Windows 10）
- CentOS 9 操作系统

实验步骤

第 1 步：查看当前系统中已经安装了哪些软件，可以使用如下命令完成。

```
#rpm -qa | more
```

显示结果如图 4-1 所示。

```
[root@office ~]# rpm -qa | more
fonts-filesystem-2.0.5-7.el9.1.noarch
liberation-fonts-common-2.1.3-4.el9.noarch
xkeyboard-config-2.33-2.el9.noarch
abattis-cantarell-fonts-0.301-4.el9.noarch
yelp-xsl-40.2-1.el9.noarch
mozilla-filesystem-1.9-30.el9.x86_64
google-noto-cjk-fonts-common-20201206-4.el9.noarch
foomatic-db-filesystem-4.0-72.20210209.el9.noarch
appstream-data-9-20210805.el9.1.noarch
adobe-mappings-cmap-20171205-12.el9.noarch
libreport-filesystem-2.15.2-6.el9.noarch
fuse-common-3.10.2-5.el9.x86_64
adobe-mappings-cmap-deprecated-20171205-12.el9.noarch
google-noto-sans-cjk-ttc-fonts-20201206-4.el9.noarch
langpacks-core-font-zh_CN-3.0-16.el9.noarch
google-noto-serif-cjk-ttc-fonts-20201206-4.el9.noarch
liberation-mono-fonts-2.1.3-4.el9.noarch
liberation-sans-fonts-2.1.3-4.el9.noarch
dejavu-sans-mono-fonts-2.37-18.el9.noarch
dejavu-sans-fonts-2.37-18.el9.noarch
--更多--
```

◎ 图 4-1 使用 rpm 命令查看已安装的软件包

也可以使用如下命令查看当前系统中已安装的软件。

#yum list installed | more

显示结果如图 4-2 所示。

第 2 步：如果想使用某个软件，而系统中并没有安装，会提示"command not found"或"没有那个文件或目录"信息。Emacs，即 Editor MACroS（编辑器宏）的缩写，是最受专业程序员喜爱的代码编辑器之一。Linux 操作系统中默认并未安装 Emacs，所以执行效果如图 4-3 所示。

```
[root@office ~]# yum list installed | more
已安装的软件包
ModemManager.x86_64                    1.20.2-1.el9          @baseos
ModemManager-glib.x86_64               1.20.2-1.el9          @baseos
NetworkManager.x86_64                  1:1.41.8-1.el9        @baseos
NetworkManager-adsl.x86_64             1:1.41.8-1.el9        @baseos
NetworkManager-bluetooth.x86_64        1:1.41.8-1.el9        @baseos
NetworkManager-config-server.noarch    1:1.41.8-1.el9        @baseos
NetworkManager-libnm.x86_64            1:1.41.8-1.el9        @baseos
NetworkManager-team.x86_64             1:1.41.8-1.el9        @baseos
NetworkManager-tui.x86_64              1:1.41.8-1.el9        @baseos
NetworkManager-wifi.x86_64             1:1.41.8-1.el9        @baseos
NetworkManager-wwan.x86_64             1:1.41.8-1.el9        @baseos
PackageKit.x86_64                      1.2.4-2.el9           @AppStream
PackageKit-command-not-found.x86_64    1.2.4-2.el9           @AppStream
PackageKit-glib.x86_64                 1.2.4-2.el9           @AppStream
PackageKit-gstreamer-plugin.x86_64     1.2.4-2.el9           @AppStream
PackageKit-gtk3-module.x86_64          1.2.4-2.el9           @AppStream
aardvark-dns.x86_64                    2:1.3.0-1.el9         @appstream
abattis-cantarell-fonts.noarch         0.301-4.el9           @AppStream
accountsservice.x86_64                 0.6.55-10.el9         @AppStream
accountsservice-libs.x86_64            0.6.55-10.el9         @AppStream
acl.x86_64                             2.3.1-3.el9           @anaconda
adcli.x86_64                           0.9.2-1.el9           @baseos
adobe-mappings-cmap.noarch             20171205-12.el9       @AppStream
--更多--
```

◎ 图 4-2　使用 yum 命令查看已安装的软件包

```
[root@compus ~]# emacs
-bash: /bin/emacs: 没有那个文件或目录
[root@compus ~]#
```

◎ 图 4-3　执行未安装软件包的提示

第 3 步：使用 RPM 安装 Emacs。系统安装光盘中有 Emacs 的 RPM 包，因此先挂载光盘，然后查看 Emacs 的软件包，如图 4-4 所示。

```
[root@office ~]# mount /dev/cdrom /mnt/centos
mount: /mnt/centos: WARNING: source write-protected, mounted read-only.
[root@office ~]# cd /mnt/centos
[root@office centos]# ls
AppStream BaseOS EFI EULA extra_files.json images isolinux LICENSE media.repo TRANS.TBL
[root@office centos]# cd AppStream
[root@office AppStream]# ls
Packages  repodata
[root@office AppStream]# cd Packages
[root@office Packages]# ls emacs*
emacs-27.1-3.el9.x86_64.rpm             emacs-filesystem-27.1-3.el9.noarch.rpm
emacs-auctex-12-3-2.el9.noarch.rpm      emacs-lucid-27.1-3.el9.x86_64.rpm
emacs-common-27.1-3.el9.x86_64.rpm      emacs-nox-27.1-3.el9.x86_64.rpm
[root@office Packages]#
```

◎ 图 4-4　获取 RPM 软件包

第 4 步：使用 rpm 命令进行安装。因为安装中需要相应的依赖包，所以按顺序进行安装，如图 4-5 所示。

```
[root@office Packages]# rpm -ivh emacs-filesystem-27.1-3.el9.noarch.rpm
Verifying...                   ############################ [100%]
准备中...                       ############################ [100%]
    软件包 emacs-filesystem-1:27.2-8.el9.noarch（比 emacs-filesystem-1:27.1-3.el9.noarch 还要新）已经安装
[root@office Packages]# rpm -ivh liblockfile-1.14-9.el9.x86_64.rpm
Verifying...                   ############################ [100%]
准备中...                       ############################ [100%]
正在升级/安装...
    1:liblockfile-1.14-9.el9    ############################ [100%]
[root@office Packages]# rpm -ivh emacs-common-27.1-3.el9.x86_64.rpm
Verifying...                   ############################ [100%]
准备中...                       ############################ [100%]
[root@office Packages]# rpm -ivh emacs-27.1-3.el9.x86_64.rpm
Verifying...                   ############################ [100%]
准备中...                       ############################ [100%]
正在升级/安装...
    1:emacs-1:27.1-3.el9        ############################ [100%]
[root@office Packages]#
```

◎ 图 4-5 使用 rpm 命令安装软件包

第 5 步：查看安装情况，如图 4-6 所示。

第 6 步：卸载 Emacs，如图 4-7 所示。

```
[root@office Packages]# rpm -qa | grep emacs
emacs-filesystem-27.2-8.el9.noarch
emacs-common-27.2-8.el9.x86_64
emacs-27.1-3.el9.x86_64
[root@office Packages]#
```

◎ 图 4-6 查看安装的软件包

```
[root@office Packages]# rpm -e emacs
[root@office Packages]# rpm -qa | grep emacs
emacs-filesystem-27.2-8.el9.noarch
emacs-common-27.2-8.el9.x86_64
[root@office Packages]#
```

◎ 图 4-7 使用 rpm 命令卸载软件包

第 7 步：使用 RPM 安装软件包时经常会遇到依赖包问题，下面使用 YUM 方式进行安装，如图 4-8 所示。

```
[root@office /]# yum install emacs
上次元数据过期检查：0:17:37 前，执行于 2023年03月20日 星期一 14时04分59秒。
依赖关系解决。
================================================================================
 软件包          架构        版本                仓库          大小
================================================================================
安装:
 emacs           x86_64      1:27.2-8.el9        appstream     3.3 M

事务概要
================================================================================
安装  1 软件包

总下载：3.3 M
安装大小：16 M
确定吗？[y/N]：y
下载软件包：
emacs-27.2-8.el9.x86_64.rpm                        3.3 MB/s | 3.3 MB   00:00
--------------------------------------------------------------------------------
总计                                               1.5 MB/s | 3.3 MB   00:02
运行事务检查
事务检查成功。
运行事务测试
事务测试成功。
运行事务
  准备中  :                                                             1/1
  安装    : emacs-1:27.2-8.el9.x86_64                                   1/1
  运行脚本: emacs-1:27.2-8.el9.x86_64                                   1/1
  验证    : emacs-1:27.2-8.el9.x86_64                                   1/1

已安装:
  emacs-1:27.2-8.el9.x86_64

完毕！
[root@office /]#
```

◎ 图 4-8 使用 YUM 安装软件包

第 8 步：查看安装情况。使用 YUM 在线安装默认会安装该软件的最新版本，如图 4-9 所示。

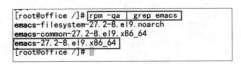

```
[root@office /]# rpm -qa | grep emacs
emacs-filesystem-27.2-8.el9.noarch
emacs-common-27.2-8.el9.x86_64
emacs-27.2-8.el9.x86_64
[root@office /]#
```

◎ 图 4-9 查看安装的软件包

第 9 步：安装完后打开 Emacs，效果如图 4-10 所示。

◎ 图 4-10　Emacs 界面

第 10 步：在 Linux 操作系统中，某些开源软件有自己的安装方式。glances 是一款用于 Linux、BSD 的开源命令行系统监视工具，它使用 Python 语言开发，使用 psutil 库来采集系统数据，能够监视 CPU、负载、内存、磁盘 I/O、网络流量等信息。因为系统中尚未安装 glances，所以执行效果如图 4-11 所示。

```
[root@office ~]# glances
bash: glances: command not found...
[root@office ~]#
```

◎ 图 4-11　执行未安装软件包的提示

第 11 步：在 GitHub 上搜索 glances，结果如图 4-12 所示。

◎ 图 4-12　在 GitHub 上查找 glances

第 12 步：通过查看信息，执行如下安装命令。

#pip install --user glances

安装过程如图 4-13 所示。

```
[root@office ~ # pip install --user glances
bash: pip: command not found...
Install package 'python3-pip' to provide command 'pip'? [N/y] y

 * Waiting in queue...
 * Loading list of packages....
The following packages have to be installed:
 python3-pip-21.2.3-6.el9.noarch          A tool for installing and managing Python3 packages
Proceed with changes? [N/y] y

 * Waiting in queue...
 * Waiting for authentication...
 * Waiting in queue...
 * Downloading packages...
 * Requesting data...
 * Testing changes...
 * Installing packages...
Collecting glances
  Downloading Glances-3.3.1.1-py3-none-any.whl (708 kB)
                                        | 708 kB 84 kB/s
Collecting packaging
  Downloading packaging-23.0-py3-none-any.whl (42 kB)
                                        | 42 kB 111 kB/s
Collecting ujson>=5.4.0
  Downloading ujson-5.7.0-cp39-cp39-manylinux_2_17_x86_64.manylinux2014_x86_64.whl (52 kB)
                                        | 52 kB 80 kB/s
Requirement already satisfied: psutil>=5.6.7 in /usr/lib64/python3.9/site-packages (from glances) (5.8.0)
Collecting defusedxml
  Downloading defusedxml-0.7.1-py2.py3-none-any.whl (25 kB)
Installing collected packages: ujson, packaging, defusedxml, glances
```

◎ 图 4-13 安装过程

第 13 步：安装完成后执行 glances 命令，效果如图 4-14 所示。

```
office (CentOS Stream 9 64bit / Linux 5.14.0-239.el9.x86_64)                        Uptime: 0:36:41

            CPU -   1.4%  idle     98.8%  ctx_sw      393   MEM -   29.4%   SWAP -   0.0%   LOAD -  2core
CPU [  1.4 ]  user    0.2%  irq       0.2%  inter       233   total   3.55G   total   3.92G   1 min   0.01
MEM [ 29.4 ]  system  0.5%  nice      0.0%  sw_int      364   used    1.04G   used       0   5 min   0.09
SWAP [ 0.0 ]  iowait  0.0%  steal     0.0%                    free    2.51G   free    3.92G   15 min  0.18

NETWORK     Rx/s   Tx/s   TASKS 237 (371 thr), 1 run, 151 slp, 85 oth Threads sorted automatically
ens33       944b   18Kb
lo          376b   376b   CPU%   MEM%   VIRT   RES    PID USER      TIME+  THR  NI S  R/s W/s
                          >2.4   1.0    327M   36.6M  2358 root      0:00 1    0 R   0 0   python3 /root/
TCP CONNECTIONS           0.0    6.5    3.75G  238M   1527 gdm       0:02 12   0 S   0 0   gnome-shell
Listen              6     0.0    2.9    628M   107M   1813 root      0:01 3    0 S   0 0   packagekitd
Initiated           0     0.0    1.0    546M   64.4M  2047 gdm       0:00 3    0 S   0 0   ibus-x11 --kil
Established         1     0.0    1.5    143M   55.8M  1760 gdm       0:00 1    0 S   0 0   Xwayland :1024
Terminated          0     0.0    0.8    926M   29.9M  1864 gdm       0:00 4    0 S   0 0   gsd-media-keys
                          0.0    0.8    651M   28.2M  1847 gdm       0:00 4    0 S   0 0   gsd-color
DISK I/O     R/s   W/s    0.0    0.8    722M   28.2M  1891 gdm       0:00 4    0 S   0 0   gsd-power
dm-0          0     0     0.0    0.8    577M   27.3M  1843 gdm       0:00 4    0 S   0 0   gsd-wacom
dm-1          0     0     0.0    0.7    577M   26.8M  1849 gdm       0:00 4    0 S   0 0   gsd-keyboard
dm-2          0     0     0.0    0.7    2.67G  26.0M  2072 gdm       0:00 5    0 S   0 0   gjs /usr/share
dm-3          0     0     0.0    0.7    2.67G  26.0M  1834 gdm       0:00 5    0 S   0 0   gjs /usr/share
dm-4          0     0     0.0    0.7    2.46G  24.4M   927 polkitd   0:00 6    0 S   0 0   polkitd --no-d
sda           0     0     0.0    0.6    581M   22.5M  1861 gdm       0:00 4    0 S   0 0   gsd-datetime
sda1          0     0     0.0    0.6    464M   22.3M   919 root      0:00 3    0 S   0 0   NetworkManager
sda2          0     0
2023-02-06 21:01:59 CST 0
```

◎ 图 4-14 执行 glances 命令监控系统状态

任务巩固

1. 使用 RPM 进行软件包管理有哪些优点和缺点？
2. 使用 RPM 可以不将 RPM 包下载到本地，而直接使用网络上的 RPM 包吗？
3. 使用 YUM 如何卸载一个已经安装的软件包？

任务总结

在计算机系统中，操作系统是一个基础平台，在这个平台上用户可以方便地安装、卸载、查询软件。Linux 操作系统中常用的软件包管理方式有两种，分别是 RPM 和 YUM。在使用 RPM 进行安装时经常会遇到软件包的依赖性问题，但 RPM 也有它的优点，那就是在没有网络的情况下，可以让系统进行软件包的安装。YUM 本质是在 RPM 的基础上，更加方便地进行软件包的管理。作为一名系统运维人员，熟练掌握软件包的安装和管理是十分重要的技能。

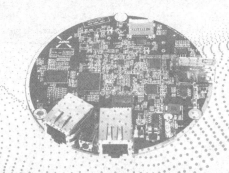

任务五

Linux Shell 管理

任务背景及目标

　　通过几天的学习和实践，小张对 Linux 的使用有了进一步的了解，但是也感觉到 Linux 操作系统与 Windows 操作系统在使用上存在着很大的差别。Linux 操作系统的主要工作是通过命令行来完成的，命令行工作环境称为 Shell。对于 Shell 的特点和使用方式，小张感觉自己还有很多不明白的地方。

　　小张：李工，Linux 的操作管理大部分都使用命令行来完成，这也太麻烦了吧。

　　老李：使用命令行对于新手来说是有些麻烦，但使用命令行也有使用命令行的好处。命令行占用的系统资源更少，这样就可以把宝贵的资源用来提供更重要的服务，提升用户使用体验；Linux 操作系统拥有丰富的命令，可以说所有使用图形化界面能完成的功能，使用命令行都可以实现，但并不是所有使用命令行能够完成的功能，都可以通过图形化界面实现。另外，Linux 操作系统的命令行操作还有一个非常重要的特点。

　　小张：什么特点？

　　老李：Linux 操作系统支持 Shell 脚本编程。

　　小张：什么是 Shell 脚本编程？

　　老李：网络运维人员有时要做大量重复性的操作，可以把这些重复性的操作编写成一个脚本，从而大大提高管理效率。另外，通过 Shell 脚本编程，管理员可以定制一个自己喜欢的工作环境，提升系统的安全性。

　　小张：原来 Linux 命令行这么厉害，那我就好好研究一下。

职业能力目标

- 了解 Linux Shell 的工作模式及特点
- 掌握 Linux Shell 的标准输入 / 输出
- 深入了解后台运行程序
- 掌握 Linux Shell 编程

N

● 知识结构 ●

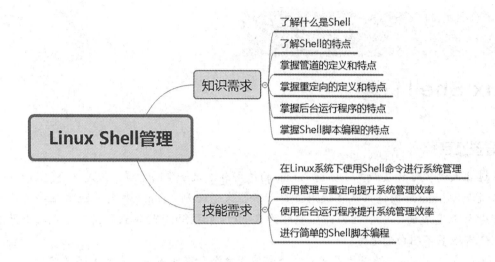

● 课前自测 ●

- 什么是 Shell？ Linux Shell 有哪些特点？
- 什么是管道？管理有哪些作用？
- Linux 操作系统中为什么要在后台运行程序？

5.1 Shell 简介

5.1.1 Shell 基础

1. 什么是 Shell

Linux 操作系统中，Shell 是系统的一个用户界面，提供了用户与内核进行交互操作的接口（命令解释器），Shell 接收用户输入的命令并把它送入内核执行，在用户与系统之间进行交互。Shell 在 Linux 操作系统中具有极其重要的地位，其所处位置如图 5-1 所示。

◎ 图 5-1 Shell 在 Linux 操作系统中的位置

2. Shell 的功能

命令解释是 Shell 最重要的功能。Linux 操作系统中的所有可执行文件都可以作为 Shell

命令来执行。表 5-1 所示为 Linux 操作系统上可执行文件的分类。

表 5–1　Linux 操作系统上可执行文件的分类

类别	说明
Linux 命令	存放在 /bin、/sbin 目录下的命令
内置命令	出于效率的考虑，将一些常用命令的解释程序构造在 Shell 内部
实用程序	存放在 /usr/bin、/usr/sbin、/usr/local/bin、/usr/local/sbin 等目录下的实用程序
用户程序	用户程序经过编译生成可执行文件后，可作为 Shell 命令运行
Shell 脚本	由 Shell 语言编写的批处理文件

图 5-2 描述了 Shell 是如何完成命令解释的。

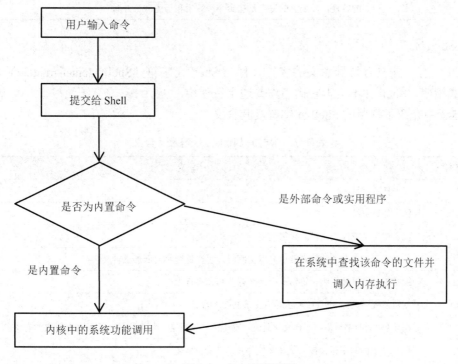

◎ 图 5-2　命令解释过程

当用户提交了一个命令后，Shell 首先判断其是否为内置命令（由 Shell 自身负责解释），如果是就通过 Shell 的解释器将其解释为系统功能调用并转交给内核执行；若是外部命令或实用程序，就试图在硬盘中查找该命令并将其调入内存，再将其解释为系统功能调用并转交给内核执行。Shell 在查找命令时有以下两种情况。

- 若用户给出了命令的路径，Shell 就沿着用户给出的路径进行查找，找到则调入内存，没找到则输出提示信息。
- 若用户没有给出命令的路径，Shell 就在环境变量 PATH 所指定的路径中依次进行查找，找到则调入内存，没找到则输出提示信息。

此外，Shell 还具有如下功能。

- 通配符、命令实例、别名机制、命令历史。
- 重定向、管道、命令替换、Shell 编程等。

3. Shell 的主要版本

表 5-2 中列出了几种常见的 Shell 版本。CentOS 下默认的 Shell 是 bash。

表 5-2　Shell 的不同版本

版本	说明
Bourne Again Shell（bash、bsh 的扩展）	bash 是大多数 Linux 操作系统的默认 Shell。bash 与 bsh 完全向后兼容，并且在 bsh 的基础上增加和增强了很多特性。bash 也包含了很多 C Shell 和 Kom Shell 中的优点。bash 有很灵活和强大的编程接口，同时又有很友好的用户界面
Kom Shell（ksh）	Kom Shell（ksh）是 UNIX 系统上的标准 Shell。在 Linux 环境下有一个专门为 Linux 操作系统编写的 Kom Shell 的扩展版本，即 Public Domain Kom Shell（pdksh）
tcsh（csh 的扩展）	tcsh 是 C Shell 的扩展。tcsh 与 csh 完全向后兼容，但它包含了更多的使用户感觉方便的特性，其最大的提高是在命令行编辑和历史浏览方面

4. Shell 元字符

Shell 中有一些具有特殊意义的字符，称为 Shell 元字符（Shell Metacharacters）。若不以特殊方式指明，Shell 并不会把它们当作普通字符使用。

表 5-3 中介绍了常用的 Shell 元字符及其含义。

表 5-3　常用的 Shell 元字符及其含义

元字符	含义
*	代表任意字符串
?	代表任意字符
/	代表根目录或作为路径间隔符使用
\	转义字符。当命令的参数要用到保留字时，可在保留字前面加上转义字符
\<Enter>	续行符。可以使用续行符将一个命令行分写在多行上
$	变量值置换，如 $PATH 表示环境变量 PATH 的值
'	在 '...' 中间的字符均被当作文字处理，命令名、文件名、保留字等都不再具有原来的意义
"	在 "..." 中间的字符会被当作文字处理并允许变量转换
`	命令替换，转换 `...` 中命令的执行结果
<	输入重定向字符
>	输出重定向字符
|	管理字符
&	后台执行字符。在一个命令之后加上字符 "&"，该命令就会以后台方式执行
;	分割顺序执行的多个命令
()	在子 Shell 中执行一组命令
{}	在当前 Shell 中执行一组命令
!	执行命令历史记录中的命令
~	代表登录用户的宿主目录

5.1.2　文件及 Linux 目录结构

1. 什么是文件

在 Linux 操作系统上，文件被看作字节序列。这种概念使得所有的系统资源都有了统一的标识，这些资源包括普通文件或目录、磁盘设备、控制台（键盘、显示器）、打印机等。对这些资源的访问和处理都是通过字节序列的方式实现的。Linux 操作系统下的文件类型包括以下几种。

- 普通文件（-）。
- 目录（d）。
- 符号链接（l）。
- 字符设备文件（c）。
- 块设备文件（b）。
- 套接字（s）。
- 命名管理（p）。

2. 目录和文件命名

在 Linux 操作系统中，把目录也看作一种文件，其类型为 d。在 Linux 操作系统中可以使用长文件方式给文件（包括目录）命名。这与 Windows 操作系统下文件要有后缀名的方式是不同的。比如在 Windows 操作系统下有一个文件 readme.txt，我们通常认为文件名是"readme"，"."是一个分隔符，"txt"是文件类型，表明这是一个文本文件。但 Linux 操作系统中一个文件为 readme.txt，则表明文件名就是"readme.txt"，其类型通过查看文件详细信息获取。也就是说，Linux 操作系统中的文件不需要文件类型后缀，这种带文件后缀的命名方式仅仅是为了使其看起来更容易理解。

在 Linux 操作系统中给文件命名时必须遵循下列规则。

- 除了"/"，所有的字符都合法。
- 有些字符最好不用，如空格符、制表符、退格符和字符 :? , @ # $ & () \ | ; ' " <> 等。
- 避免使用 +、- 或 . 来作为普通文件名的第一个字符。
- Linux 文件名是大小写敏感的。
- 以 . 开头的文件是隐藏的。

3. 普通文件

普通文件就是字节序列，Linux 并没有对其内容规定任何的结构。普通文件可以是程序源代码（C、C++、Python、Perl 等）、可执行文件（文件编辑器、数据库系统、出版工具、绘图工具等）、图片、声音、图像等。Linux 不会区别对待这些文件，只有处理这些文件的应用程序才会根据文件的内容为它们赋予相应的含义。

4. 目录和硬链接

目录文件是由一组目录项组成的，目录项可以是对其他文件的指向，也可以是其下的子目录指向。

实际上，一个文件的名称是存储在其父目录中的，而并非同文件内容本身存储在一起。将两个文件名（存储在其父目录的目录项中）指向硬盘上一个存储空间，对两个文件中的任何一个的内容进行修改都会影响到另一个文件，这种链接关系称为硬链接。硬链接文件实际上就是在某目录中创建目录项，从而使不止一个目录可以引用到同一个文件。硬链接可以由 ln 命令建立。

接下来我们通过一个示例来解释什么是硬链接。

下面执行 ls -l 命令列出当前目录下文件 file1 的详细信息，然后执行 cat file1 命令查看文件 file1 的内容，得知文件内容为 This is file1。

```
$ ls -l
-rw-r--r--. 1 andy andy 14 10 月 26 21:22 file1
$ cat file1
This is file1
```

下面使用 ln 命令建立文件 file1 的硬链接文件 file2：

```
$ ln file1 file2
```

执行上述命令会得到一个新的文件 file2，并且该文件和已经存在的文件 file1 建立起了硬链接关系。下面执行命令查看文件 file2 的内容并列出当前目录下所有文件的详细信息：

```
$ cat file2
This is file1
$ ls -l
-rw-r--r--. 2 andy andy 14 10 月 26 21:22 file1
-rw-r--r--. 2 andy andy 14 10 月 26 21:22 file2
```

从上面可以看出，file2 和 file1 的大小相同，内容相同。再看详细信息的第 2 列，原来 file1 的链接数是 1，说明这一块硬盘存储空间只有 file1 一个文件指向它，而建立起 file1 和 file2 的硬链接关系之后，这块硬盘空间就有 file1 和 file2 两个文件同时指向它，所以 file1 和 file2 的链接数就都变成了 2。因为两个文件指向同一块硬盘空间，所以如果现在修改 file2 的内容为 This is file2，再查看 file1 的内容，会发现 file1 的内容也变成 This is file2 了。查看 file1 文件内容的命令及显示结果如下：

```
$ cat file1
This is file2
```

如果删除其中一个文件（不管是哪一个），即删除了该文件和硬盘空间的指向关系，该硬盘空间不会释放，另外一个文件的内容也不会发生改变，但是目录详细信息中的链接数会减少。上述操作执行的命令及显示结果如下：

```
$ rm -f file1
$ ls -l
-rw-r--r--. 1 andy andy 14 10 月 26 21:36 file2
$ cat file2
This is file2
```

硬链接并不是一种特殊类型的文件，只是在同一个文件系统中允许多个目录项指向同一个文件的一种机制。

5. 符号链接

符号链接又称软链接，是指将一个文件指向另外一个文件的文件名。这种符号链接的关系可以由 ln -s 命令建立。我们使用与刚才类似的示例进行解释说明，首先查看一下目录中的文件信息。执行的命令及显示结果如下：

```
$ ls -l
-rw-r--r--. 1 andy andy 14 10 月 26 21:56 file1
$ cat file1
This is file1
```

使用 ln 命令和 -s 选项建立文件 file1 的符号链接文件 file2：

```
$ ln -s file1 file2
```

执行上述命令会得到一个新的文件 file2，并且该文件和已经存在的文件 file1 建立起符号链接关系。下面执行命令查看文件 file2 的内容并列出当前目录下所有文件的详细信息：

```
$ cat file2
This is file1
$ ls -l
-rw-r--r--. 1 andy andy 14 10 月 26 21:56 file1
lrwxrwxrwx. 1 andy andy 5 10 月 26 22:02 file2 -> file1
```

从上面可以看出 file2 这个文件很小，因为它只是记录了要指向的文件名而已，请注意从文件 file2 指向文件 file1 的指针。

为什么执行 cat 命令显示的 file2 的内容与 file1 相同呢？这是因为 cat 命令在寻找 file2 的内容时，发现 file2 只是一个符号链接文件（其文件类型符号为 l），所以只需根据 file2 记录的文件名找到 file1 文件，然后将 file1 的内容显示出来即可。

明白了 file1 和 file2 的符号链接关系后，就可以理解为什么 file1 的链接数仍然为 1，这是因为 file1 指向的硬盘空间仍然只有 file1 一个文件在指向。

如果现在删除了 file2，对 file1 并不会产生任何影响；而如果删除了 file1，那么 file2 就会因为无法找到文件名称为 file1 的文件而成为死链接。执行的命令及显示结果如下：

```
$ rm -f file1
$ ls -l
lrwxrwxrwx. 1 andy andy 5 10 月 26 22:02 file2 -> file1
$ cat file2
cat: file2: 没有那个文件或目录
```

6. 设备文件

设备是指计算机中的外围设备硬件装置，即除 CPU 和内存以外的所有设备。通常，设备中含有数据寄存器或数据缓存器、设备控制器，用于完成设备同 CPU 或内存的数据交换。

在 Linux 操作系统中，为了避免用户对设备访问的复杂化，采用了设备文件，即可以通过像访问普通文件一样的方式对设备进行读写访问。

设备文件用来访问硬件设备，包括硬盘、光驱、打印机等。每个硬件设备至少与一个设备文件相关联。设备文件分为字符设备（如键盘）和块设备（如磁盘）。Linux 操作系统中设备以文件系统中的设备文件的形式存在。所有的设备文件存放在 /dev 目录下。

Linux 操作系统中常用的设备文件说明如表 5-4 所示。

表 5-4　常用的设备文件说明

设备文件	说明
/dev/sd*	SCSI/SAS、PATA/SATA、USB 硬件设备，如 sda1 表示第 1 块硬盘的第 1 个分区
/dev/sr0	光驱设备
/dev/console	系统控制台
/dev/tty*	本地终端设备
/dev/pts/*	伪终端设备
/dev/ppp*	ppp 设备。PPP 协议设备，用于传统的拨号上网
/dev/lp*	表示并口设备，如 lp0 表示第一个并口设备，lp1 表示第 2 个并口设备
/dev/null	空设备。所有写入它的内容都会丢失，通常用于屏蔽命令行输出
/dev/zero	零设备。可以产生连续不断的二进制零流，通常用于创建指定长度的空文件

在 /dev 目录下有许多链接文件，使用这些链接文件能够方便地使用系统中的设备。例如，可以通过 /dev/cdrom 而不是 /dev/sr0 来访问光驱。

7. 套接字和命名管道

套接字和命名管道是 Linux 环境下实现进程间通信（IPC）的机制。

命名管道（FIFO）文件允许运行在同一台计算机上的两个进程之间进行通信。套接字（socket）允许运行在不同计算机上的进程之间相互通信。

套接字和命名管道通常是在进程运行时创建或删除的，一般无须系统管理员干预。

8. Linux 操作系统的目录结构

Linux 操作系统的目录结构遵从文件系统层次结构标准（File system Hierarchy Standard，FHS）。表 5-5 中列出了由 FHS 所规定的 Linux 文件系统布局。

表 5-5　由 FHS 所规定的 Linux 文件系统布局

目录名	内容说明
bin	存放二进制的可执行程序
boot	存放用于系统引导时使用的各种文件
dev	用于存放设备文件，用户可以通过这些文件访问外部设备
etc	存放系统的配置文件
home	存放所有用户文件的根目录，有一个用户在该目录下就有一个与该用户名相对应的子目录，当用户登录时就进入其用户名对应的子目录
lib/lib64	存放根文件系统中的程序运行所需要的共享库及内核模块
lost+found	存放一些系统检查结果，发现的不合法的文件或数据都存放在这里。通常此目录是空的，除非硬盘遭受了不明的损坏
mnt	临时文件系统的挂载点目录
media	即插即用型存储设备的挂载点自动在这个目录下创建，如 CD/DVD 等
opt	第三方软件的存放目录
proc	是一个虚拟文件系统，存放当前内存的映射，主要用于在不重启机器的情况下管理内核
root	超级用户目录

目录名	内容说明
sbin	类似 /bin 目录，也存放二进制可执行文件，但只有 root 用户才能访问
srv	系统对外提供服务的目录，如 Web 虚拟主机等
tmp	用于放置各种临时文件
usr	用于存放系统应用程序
var	用于存放需要随时改变的文件，如系统日志、脱机工作目录等

在 Linux 环境下，文件是归类存放的，初学 Linux 的用户应该熟悉特定类型的文件的存放位置。如果不知道操作目的的话，不要轻易操作系统目录，如 /proc、/boot、/etc、/usr、/var 等。

5.1.3　Shell 中命令的执行

1. 分析命令

在 Shell 中输入命令时，Linux 的 tty 设备驱动程序将检查每个字符，以确定是否要立即采取动作。例如，在输入命令时，按下 Ctrl+H 组合键（字符擦除键）或者按下 Ctrl+U 组合键（行删除键），设备驱动程序将立即根据按键的功能要求调整命令行，Shell 将不会"看到"已删除的字符。通常，按下 Ctrl+W 组合键（字删除键）时也会发生类似的调整，当键入的字符不需要立即采取动作时，设备驱动程序将把字符存储在缓冲区中，等待字符输入。当按下 Enter 键后，设备驱动程序将把命令行传递给 Shell 处理。

Shell 处理命令行的过程如图 5-3 所示，它把命令行作为一个整体来对待，并将其分成几个组成部分。命令行中提示符后的第 1 项通常为命令名，因为 Shell 把命令行中从第 1 个字符到第 1 个空白字符（Tab 或空格）之间的字符串作为命令名。命令名可以采用简单文件名或路径名的方式指定。例如，可采用下面的两种方式调用命令 ls：

```
$ls
$/bin/ls
```

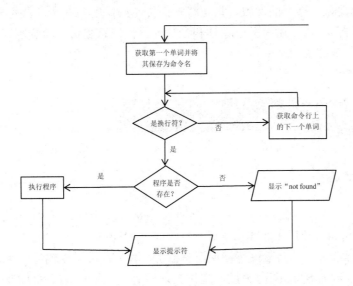

◎　图 5-3　Shell 处理命令行的过程

2. 查找命令

在命令行上输入绝对路径名时（即输入至少包含一条斜杠的路径名），Shell 将在指定目录下查找具有执行权限的对应文件。例如，输入命令 /bin/ls，Shell 将查找 /bin 目录下具有执行权限且名为 ls 的文件。当输入的是一个简单文件名时，Shell 将在一组目录中查找与该文件名相匹配且具有执行权限的对应文件。Shell 并不是在所有目录下搜索，而只在 PATH 变量设定的路径下搜索。

当 Shell 无法找到可执行的文件时，会显示类似下面的提示信息：

```
$ abc
bash: abc: command not found...
```

Shell 无法找到可执行文件的原因之一是该文件所在的目录没有在 PATH 变量中设定。在 bash 下，可以将当前所在目录（.）临时添加到 PATH 中，命令如下：

```
$PATH=$PATH:.
```

上述设置只是临时有效，当系统重启后，这个变量设置就失效了。

若 Shell 找到了可执行文件，却因不具备可执行权限而不能执行文件，那么 Shell 将显示如下信息：

```
$ ./def
-bash: ./def: 权限不够
```

3. 执行命令行

如果 Shell 找到了与命令行上的命令具有相同名字的可执行文件，那么 Shell 将启动一个新的进程，并将命令行上的命令名、参数、选项传递给程序（可执行文件）。当命令执行时，Shell 将等待进程的结束，这时 Shell 处于非活跃状态，称为休眠（Sleep）状态。当程序执行完毕，就将它的退出状态传递给 Shell，这样 Shell 就返回活跃状态（被唤醒），显示提示符，等待下一个命令的输入。

由于 Shell 不处理命令行上的参数，只是将它们传递给调用的程序，因此 Shell 并不知道选项和参数是否对程序有效。所有关于选项和参数的错误消息和用法消息都来自程序自身。也有些命令会忽略无效的选项。

5.2 管道与重定向

5.2.1 标准输入 / 输出

Shell 命令的执行会涉及输入和输出，标准输入（standard input）是程序信息的来源，标准输出（standard output）是指程序输出信息（如文本）的地方。对一个运行的程序来说，除了具有标准输入和标准输出，通常还有错误消息输出，称为标准错误输出（standard error），如图 5-4 所示。标准输入 STDIN 为键盘，文件描述符为 0；标准输出 STDOUT 为屏幕，文件描述符为 1；标准错误输出 STDERR 也为屏幕，文件描述符为 2。在 Linux 操作系统中，标准输入设备为键盘，标准输出设备是屏幕。

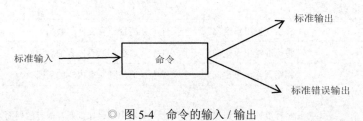

◎ 图 5-4　命令的输入 / 输出

Linux 操作系统中有一种文件类型，即设备文件。设备文件驻留在 Linux 文件结构中（通常位于目录 /dev 中），用来代表外围设备，如终端模拟器窗口、显示屏、打印机和硬盘驱动器。

下面以 cat 命令的执行为例，介绍一个 Linux 操作系统中的标准输入和输出。在 Shell 提示符后键入命令 cat，按下 Enter 键，这时没有任何事情发生。若再键入一行文本后按下 Enter 键，那么，在刚刚键入的文本下面一行将显示同样的一行内容。这说明 cat 命令在执行。Shell 将 cat 的标准输入关联到键盘，标准输出关联到屏幕，因此，当键入一行文本时，cat 将标准输入（键盘）的文本内容复制到标准输出（屏幕），显示效果如下所示。

```
$ cat
This is a line of text.
This is a line of text.
cat keeps copying lines of text.
cat keeps copying lines of text.
util you press ctrl+D
util you press ctrl+D
[ 输入 ctrl+D]
$
```

5.2.2　输入 / 输出重定向

有时我们需要把文件作为输入，或者把命令执行后的结果输出到文件而不是屏幕，这时就要用到输入 / 输出重定向。相对于输入重定向，使用输出重定向的频率更高。输出重定向又分为标准输出重定向和错误输出重定向两种不同的技术，还包括清空写入与追加写入两种模式。

输入重定向用到的符号、语法格式及作用如表 5-6 所示。

表 5-6　输入重定向的符号、语法格式及作用

符号及语法格式	作用
命令 < 文件	将文件作为命令的标准输入
命令 << 分界符	从标准输入中读入，直到输入分界符才停止
命令 < 文件 1 > 文件 2	将文件 1 作为命令的输入并将结果输出到文件 2

输出重定向用到的符号、语法格式及作用如表 5-7 所示。

表 5-7　输出重定向的符号、语法格式及作用

符号及语法格式	作用
命令 > 文件	将标准输出重定向到一个文件中（清空原有文件的数据）

符号及语法格式	作用
命令 2 > 文件	将错误输出重定向到一个文件中（清空原有文件的数据）
命令 >> 文件	将标准输出重定向到一个文件中（追加到原有内容的后面）
命令 2 >> 文件	将错误输出重定向到一个文件中（追加到原有内容的后面）
命令 >> 文件 2 >&1 或 命令 &>> 文件	将标准输出与错误输出共同写入文件中（追加到原有内容的后面）

对于重定向中的标准输出模式，可以省略文件描述符 1 不写，而错误输出模式的文件描述符 2 是必须要写的。下面通过一些示例来演示一下，读者可以通过练习体会输入 / 输出重定向的操作和作用。通过标准输出重定向将命令 man bash 原本要输出到屏幕的信息写入文件 readme.txt 中，然后显示 readme.txt 文件中的内容，具体命令如下：

```
$man bash > readme.txt
$ cat readme.txt
BASH(1)              General Commands Manual        BASH(1)
NAME
    bash - GNU Bourne-Again SHell

SYNOPSIS
    bash [options] [command_string | file]

COPYRIGHT
    Bash is Copyright (C) 1989-2020 by the Free Software Foundation, Inc.

DESCRIPTION
    Bash is an sh-compatible command language interpreter that executes commands read from the standard input or
from a file.
    Bash also incorporates useful features from the Korn and C shells (ksh and csh).

     Bash is intended to be a conformant implementation of the Shell and Utilities portion of  the  IEEE  POSIX
specification
    (IEEE Standard 1003.1).  Bash can be configured to be POSIX-conformant by default.

OPTIONS
（以下内容略）
```

执行 man bash > readme.txt 命令后，屏幕上并没有任何信息输出。这是因为使用了输出重定向，将原本要在屏幕显示的信息输出到了一个文件 readme.txt 中。查看 readme.txt 文件，发现内容和原本执行 man bash 命令要显示在屏幕上的信息完全一样。

重定向符 > 和 >> 有什么区别呢？ > 在重定向输出时，会把原来的内容覆盖掉，而 >> 则是追加写入输出文件中。读者可以通过下面的示例，来体会这两种方式的不同。

```
$ echo " 输出重定向，覆盖掉原来文件中的内容 " > readme.txt
```

```
$ cat readme.txt
输出重定向，覆盖掉原来文件中的内容
$ echo " 输出重定向，将内容追加到原来文件的后面 " >> readme.txt
$ cat readme.txt
输出重定向，覆盖掉原来文件中的内容
输出重定向，将内容追加到原来文件的后面
```

在输出重定向时，标准输出和错误输出是有区别的。比如当前目录下有一个文件 file1，查看这个文件的内容，显示如下：

```
$cat file1
This is file1.
```

当前目录下并没有文件 file2，此时如果查看 file2 的内容，会显示如下提示消息：

```
$ cat file2
cat: file2: 没有那个文件或目录
```

我们将 cart file2 命令进行输出重定向，但 Linux 操作系统中并没有 cart 命令，于是会提示命令无法找到的信息，之后查看 output.txt 文件的内容，显示情况如下：

```
$ cart file2 > output.txt
bash: cart: command not found...
[andy@localhost ~]$ cat output.txt
[andy@localhost ~]$
```

从上面可以看出，虽然出现了 output.txt 文件，但其内容是空的。

如果想将错误输出重定向，应该这样来写，显示如下：

```
$ cat file2 2>output.txt
$ cat output.txt
cat: file2: 没有那个文件或目录
```

如果不知道一个文件执行是否会成功，也可以采用如下方式进行输出重定向：

```
cat file2 > output.txt 2>error.txt
$ cat output.txt
$ cat error.txt
cat: file2: 没有那个文件或目录
```

下面来看一下输入重定向。输入重定向的作用是把文件直接导入命令中，示例如下：

```
$ wc < /etc/passwd
 39  90 2177
```

输入重定向在实际工作过程中应用较少，这里不做详细的介绍了。

5.2.3　管道

在 Linux 操作系统中，可以将两个或多个命令连接到一起，把前一个命令的输出作为后一个命令的输入，以这种方式连接的两个或多个命令便形成了管道。

管道使用"|"连接多个命令，称为管道符，语法格式如下：

command1 | command2

command1 | command2 [| commandN...]

在两个命令之间设置管道时，管道符 | 左边命令的输出就变成了右边命令的输入。只要第一个命令向标准输出写入，而第二个命令是从标准输入读取，那么这两个命令就可以形成一个管道。这里需要注意，command1 必须有正确输出，而 command2 必须能够处理 command1 的正确输出结果。查看下面的操作示例：

```
$ rpm -qa|grep kernel
kernel-tools-libs-5.14.0-86.el9.x86_64
kernel-core-5.14.0-86.el9.x86_64
kernel-modules-5.14.0-86.el9.x86_64
kernel-5.14.0-86.el9.x86_64
kernel-tools-5.14.0-86.el9.x86_64
```

使用了管道的命令有如下特点。

- 命令的语法紧凑并且使用简单。
- 通过使用管道，可以将多个命令联系在一起完成复杂任务。

tr 命令是个转换命令，其语法格式如下：

tr string1 string2

tr 命令从标准输入设备接收输入，查找与 string1 匹配的字符，找到后将 string1 的字符替换为 string2 中对应的字符（即把 string1 的第 1 个字符替换为 string2 的第 1 个字符，以此类推），举例如下：

```
$ cat file1
This is file1.
Welcome to linux World!
$ tr abcde ABCDE<file1
This is filE1.
WElComE to linux WorlD!
```

上述转换只是对输出结果进行了转变，并没有修改 file1 文件内容。

如果想让输出的内容进行排序，可以使用 sort 命令，例如：

```
$ cat /etc/passwd|sort
adm:x:3:4:adm:/var/adm:/sbin/nologin
andy:x:1000:1000:Andy:/home/andy:/bin/bash
avahi:x:70:70:Avahi mDNS/DNS-SD Stack:/var/run/avahi-daemon:/sbin/nologin
bin:x:1:1:bin:/bin:/sbin/nologin
chrony:x:986:981::/var/lib/chrony:/sbin/nologin
clevis:x:988:984:Clevis Decryption Framework unprivileged user:/var/cache/clevis:/usr/sbin/nologin
cockpit-wsinstance:x:994:990:User for cockpit-ws instances:/nonexisting:/sbin/nologin
cockpit-ws:x:995:991:User for cockpit web service:/nonexisting:/sbin/nologin
colord:x:993:989:User for colord:/var/lib/colord:/sbin/nologin
…
```

如果执行命令输出的内容过多，超出一屏显示范围，可以使用管道命令将输出重定向给 less 或 more，举例如下：

```
netstat -aux | less
```

less 命令可以实现每次显示一屏文本，按下空格键可查看下一屏；按下 Enter 键可逐行浏览；按下 h 键可获取帮助，按下 q 键将退出。

5.3　在后台运行程序

操作系统中的命令可以在前台执行，也可以在后台执行。在前台执行命令时，Shell 将一直等到命令执行完毕，才会给出提示符让用户可以继续输入下一条命令。当使用后台命令时，不必等待该命令完成，用户可以直接输入另一个命令。我们前面举的例子中，所有命令都是在前台完成的。

作业（job）是指由一个或者多个命令组成的序列。前台只能有一个作业在执行，后台可以有多个作业同时运行。同一时间执行多个作业是操作系统的重要特性，对于运行时间较长又不需要监视的任务来说，在后台运行是提升系统效率的重要手段。

在命令行的末尾输入符号 & 后按 Enter 键，那么 Shell 将在后台运行这个作业。同时，Shell 会给这个作业分配一个作业编号，并将其显示在方括号内。在作业编号之后，Shell 将显示 PID（进程标识号，Process Identification），该标识号是由操作系统分配的。然后 Shell 将显示命令输入提示符，这时用户可以输入命令。当作业运行结束后，Shell 将显示一个消息，这个消息的内容为已完成作业的作业编号和运行该作业的命令行。

下面给出在后台运行作业的示例，作业内容是从网上下载一个操作系统的镜像文件。

```
$ wget https://mirror.lzu.edu.cn/openkylin-cdimage/yangtze/openkylin-0.9-x86_64.iso &
[1] 2309
```

命令行后面的 [1] 表示该作业分配到的作业编号为 1，2309 表示该作业的第 1 个命令的 PID 为 2309。当这个作业执行结束后，可以看到下面的消息：

```
[1]+ 已完成        wget https://mirror.lzu.edu.cn/openkylin-cdimage/yangtze/openkylin-0.9-x86_64.iso
```

按下程序挂起键（Ctrl+Z），Shell 会把前台的作业挂起（阻止其继续运行），并终止作业中的进程，将进程的标准输入与键盘断开。用 bg 命令后跟作业编号可以将挂起的作业放到后台运行。如果仅有一个作业被挂起，那么可以不必指明作业编号。

只有前台作业可以从键盘获得输入。为了将键盘和后台某个正运行的作业连接起来，必须把该后台作业移到前台，执行不带任何参数的 fg 命令可以将后台唯一的作业移到前台。当后台有多个作业运行时，执行 fg 命令后跟作业编号就可以将对应的作业移到前台运行。为了避免后台运行的作业干扰到前台作业，可以将后台运行作业的输出重定向。

如果要终止一个进程或作业，可以使用 kill 命令来完成。使用 Ctrl+C（中断键）组合键可以终止前台命令，但无法终止后台执行的进程或作业。使用 ps 命令可以查看系统中正在运行的进程。下面的示例首先将命令 tail -f output（-f 选项使得 tail 在监视 output 时，显示正在写入文件中的内容）作为后台作业运行，然后使用 ps 命令显示该进程的 PID，再使用 kill

命令终止该作业。具体执行的命令及显示内容如下：

```
$ tail -f output &
[1] 2382
$ ps | grep tail
  2382 pts/0    00:00:00 tail
$ kill 2382
 [1]+ 已终止            tail -f output
```

如果忘记了作业编号，可以使用 jobs 命令来显示作业编号的列表。具体执行的命令及显示内容如下：

```
$ tail -f file1 &
[1] 2316
$ tail -f file2 &
[2] 2319
$ jobs
[1]- 运行中           tail -f file1 &
[2]+ 运行中            tail -f file2 &
$
```

5.4 Shell 脚本编程

5.4.1 Shell 脚本简介

1. Shell 脚本

Shell 除了是命令解释器，还是一种编程语言，用 Shell 编写的程序称为 Shell 脚本或 Shell 程序，类似于 DOS 下的批处理程序，用户可以在脚本文件中存放一系列的命令。

将命令、变量和流程控制有机地结合起来将会得到一个功能强大的编程工具。Shell 脚本语言非常擅长处理文本类型的数据，由于 Linux 操作系统中的所有配置文件都是纯文本的，因此 Shell 脚本语言在管理 Linux 操作系统中发挥了巨大的作用。

2. Shell 脚本的成分

Shell 脚本是以行为单位的，执行脚本的时候会一行一行地依次执行。Shell 脚本中所包含的成分主要有注释、命令、变量和结构控制语句。

- 注释：用于对脚本进行解释和说明，在注释行的前面要加上符号 #，这样在执行脚本的时候 Shell 就不会对该行进行解释。
- 命令：Shell 脚本中可以出现任何在交互方式下能使用的命令。
- 变量：Shell 支持字符串变量和整型变量。
- 结构控制语句：用于编写复杂脚本的流程控制语句。

3. Shell 脚本的建立与执行

用户可以使用任何文本编辑器编辑 Shell 脚本文件，如 nano、vim、gedit 等。

对 Shell 脚本文件的调用可以采用以下两种方式。

（1）在子 Shell 中执行

当执行一个脚本文件时，Shell 就会产生一个子 Shell（即一个子进程）去执行命令文件中的命令。因此，脚本文件中的变量值不能传递到当前 Shell（即父 Shell）。

①将文件名作为 Shell 命令的参数，其调用格式如下：

$bash script-file

当要被执行的脚本文件没有可执行权限时，只能使用这种调用方式。

②先将脚本文件的权限改为可执行，以便该文件可以作为执行文件调用。具体方法如下：

$chmod u+x script-file

$script-file

（2）在当前 Shell 中执行

为了能够使脚本文件中的变量值传递到当前 Shell，必须在命令文件名前面加 source 或 "./" 命令。source 和 "./" 命令的功能是在当前 Shell 中执行脚本文件中的命令，而不是产生一个子 Shell 来执行脚本文件中的命令。具体格式如下：

$source script-file

或

$ ./script-file

4. Shell 脚本的编码规范

一个 bash 脚本的正确的起始部分应该以 #! 开头，指明使用何种 Shell 解析本脚本：

#!/bin/bash

或

#!/usr/bin/env bash

良好的 Shell 脚本编码规范还要求以注释形式说明如下的内容。

- 脚本名称。
- 脚本功能。
- 作者及联系方式。
- 版本更新记录。
- 版权说明。
- 对算法做简要说明（如果是复杂脚本）。

5.4.2 Shell 变量

1. 变量的类型

Shell 变量大致可以分为以下三类。

- 内部变量：由系统提供，用户只能使用不能修改。
- 环境变量：这些变量决定了用户工作的环境，不需要用户定义，可以直接在 Shell 中使用，其中某些变量用户可以修改。
- 用户变量：由用户建立和修改，也称为用户自定义变量。在 Shell 脚本编写中会经常用到。

Shell 支持具有字符串值的变量。Shell 变量不需要专门的定义和初始化语句。一个没有初始化的 Shell 变量被认为是空字符。通常通过赋值语句完成变量说明并予以赋值，并且可以给一个变量多次赋值以改变其值。

在 Shell 中，变量的赋值使用如下语法格式：

  name=string

- name 是变量名，变量名是以字母或下画线开头的字母、数字和下画线字符序列。用户自定义变量按照惯例使用小写字母命名。
- = 是赋值符号。两边不能直接跟空格，否则 Shell 会将其视为命令。
- string 是被赋予的变量值。若 string 中包含空格、制表符和换行符，则 string 必须用 'string' 或 "string" 的形式，即用单（双）引号将其括起来。双引号内允许变量替换，而单引号则不可以。

通过在变量名（name）前加 $ 字符，即用 $name 的形式引用变量的值，引用的结果就是用字符串 string 代替 $name。此过程也称为变量替换。在字符串连接过程中为了界定变量名，避免混淆，变量替换也可以使用 ${name} 的形式。

变量输出可使用 Shell 的内置命令 echo（常用）或 printf（用于格式化输出，类似 C 语言的 printf()）。

下面通过一些示例来理解 Shell 变量。

```
// 显示字符串常量
$ echo I love Linux
I love Linux
$ echo 'I love Linux'
I love Linux
$ echo "I love Linux"
I love Linux
$
// 由于要输出的字符串中没有特殊字符（Shell 中的保留字），所以 " " 和 ' ' 的效果一致
$ echo I'd like learn Linux
>
// 由于要输出的字符串中有特殊字符（'）
// 由于 ' 不匹配，Shell 认为命令行没有结束，按 Enter 键后出现输入提示符 ">"，让用户继续输入命令行，
// 可以按 Ctrl+C 组合键结束
// 要想解决这个问题，可以使用下面两种方法。
$ echo "I'd like learn Linux"
I'd like learn Linux
// 或
$ echo I\'d like learn Linux
I'd like learn Linux
// 定义变量
$ v1=CentOS
$ echo $v1
CentOS
$ echo c:\readme.txt
```

```
c:readme.txt
$ echo "I'd like learn linux"
I'd like learn linux
$ echo I\'d like learn Linux
I'd like learn Linux
// 定义变量
$ v1=CentOS
$ echo $v1
CentOS
// 变量值中间有空格的话，需要用'' 将变量值括起来
$ v1=CentOs 9
bash: 9: command not found...
[andy@localhost ~]$ v2='CentOs 9'
// 要转换 HOSTTYPE 环境变量的值，使用 " " 括起来
[andy@localhost ~]$ echo $HOSTTYPE
x86_64
[andy@localhost ~]$ v3="CentOS 9 $HOSTTYPE"
[andy@localhost ~]$ echo $v3
//$HOSTTYPE 在双引号内，转换了其值
CentOS 9 x86_64

$ echo I love $v1
I love CentOS
$ echo 'I love $v1'
// 单引号中的内容被原样输出
I love $v1
$ echo "I love \$v1"
// 在双引号中使用转义字符 \，转义字符将其后的字符还原为字面本身
I love $v1
$ echo "I love \$$v1."
I love $CentOS.
// 使用 unset 命令取消 Shell 变量的声明
$ unset v1
$ echo $v1

$
```

2. 变量的作用域

Shell 变量有其规定的作用范围。Shell 变量分为局部变量和全局变量。所有自定义变量默认都是局部变量，环境变量是全局变量。

- 局部变量的作用范围仅限制在其命令行所在的 Shell 或当前 Shell 脚本执行过程中。
- 全局变量的作用范围则包括定义该变量的 Shell 及其所有子 Shell。

可以使用 export 命令将局部变量设置为全局变量，export 命令的常用语法格式如下：

// 将指定的一个或多个局部变量设置为全局变量

export < 变量名 1>[< 变量名 2>…]
// 将指定的一个或多个全局变量设置为局部变量
export -n < 变量名 1>[< 变量名 2>…]
// 直接对一个或多个全局变量赋值
export < 变量名 1= 值 1>[< 变量名 2= 值 2>…]

下面通过一些示例来进一步理解 Shell 变量的作用域。

```
//1- 为 var1 赋值
$var1=UNIX
//1- 为 var2 赋值
$var2=Linux
//1- 将变量 var2 的作用范围设置为全局
$ export var2
//1- 直接为全局变量 var3、var4 赋值
$ export var3=centos var4=ubuntu
//1- 在当前 Shell 中显示 4 个变量的值
$ echo $var1 $var2 $var3 $var4
UNIX Linux centos ubuntu
//1- 进入子 Shell
$ bash
//2- 显示 var1 的值
//2- 由于 var1 在上一级 Shell 中没有被声明为全局，所以在子 Shell 中没有值
$ echo $var1

//2- 显示 var2、var3、var4 的值
//2- 由于这三个变量在上一级 Shell 中被声明为全局变量，所以在子 Shell 中仍有值
$ echo $var2 $var3 $var4
Linux centos ubuntu
//2- 在当前 Shell 中将 var2 设置为局部变量
$ export -n var2
//2- 在当前 Shell 中 var2 仍有值
$ echo $var2
Linux
//2- 进入孙子 Shell
$ bash
//3- 由于 var2 在当前 Shell 的父 Shell 中已经设置为局部变量，所以在孙子 Shell 里没有值。var1 在当前
//Shell 的祖父 Shell 中是局部变量，所以在当前 Shell 里也没有值
$ echo $var1 $var2

//3-var3 和 var4 在当前 Shell 的祖父 Shell 中是全局变量，所以在当前 Shell 里仍有值
$ echo $var3 $var4
centos ubuntu
// 返回父 Shell
$ exit
exit
```

```
//2- 显示当前 Shell 中变量的值
$ echo $var2 $var3 $var4
Linux centos ubuntu
//2- 修改变量 var3 的值
$ var3=centos9
//2- 显示变量 var3 的值
$ echo $var3
centos9
//2- 返回父 Shell
$ exit
exit
//1- 已在父 Shell 中
$ echo $var1 $var2 $var3 $var4
UNIX Linux centos ubuntu
$
```

通过对上面示例的分析可以得出以下结论。

- 在当前 Shell 中要想使用父辈 Shell 中的变量，至少要在当前 Shell 的父 Shell 中将其设置为全局变量。
- 变量在子 Shell 中值的修改不会传回父 Shell。

3. Shell 环境变量

环境变量定义 Shell 的运行环境，保证 Shell 命令的正确执行。Shell 用环境变量来确定查找路径、注册目录、终端类型、终端名称、用户名等。所有环境变量都是全局变量（即可以传递给子 Shell），并可以由用户重新设置。表 5-8 中列出了一些 Shell 中常用的环境变量。

表 5-8　Shell 中常用的环境变量

环境变量	说明	环境变量	说明
BASH	bash 的完整路径名	PATH	bash 寻找可执行文件的搜索路径
EDITOR	应用程序中默认使用的编辑器	ENV	Linux 查找配置文件的路径
HISTFILE	用于储存历史命令的文件	PS1	命令行的一级提示符
HISTSIZE	历史命令列表的大小	PS2	命令行的二级提示符
HOME	当前用户的宿主目录	PWD	当前工作目录
OLDPWD	前一个工作目录	IFS	用于分割命令行参数的分隔符
USER	当前用户名	SECONDS	当前 Shell 开始后所流逝的秒数
UID	当前用户的 UID	LANG	当前用户的主语言环境
TERM	当前用户的终端类型		

这些变量都是可写的，用户可以为它们赋任何值。如果要使用自己的环境变量，则应该使用前面介绍的 export 命令。

4. 设置用户工作环境

用户登录系统时，Shell 会为用户自动定义一个唯一的工作环境，并对该环境进行维护直至用户注销。该环境将定义如身份、工作场所和正在运行的进程等特性。这些特性由指定的环境变量值定义。

  Shell 环境与办公环境相似,办公室中每个人所处环境的物理特性如灯光、温度等都是一样的,但办公环境中又有许多因素是个人特有的,如日常工作和个人工作空间,因此用户自己的工作环境就有别于其他用户的工作环境,自然一个用户的 Shell 环境也不同于其他用户的 Shell 环境。

  用户工作环境还有登录环境和非登录环境之分。登录环境是指用户登录系统时的工作环境,此时的 Shell 对登录用户而言是主 Shell。非登录环境是指用户在调用子 Shell 时所使用的用户环境。

  用户并不需要每次登录后都对各种环境变量进行手工设置,通过环境设置文件,用户的工作环境的设置可以在登录的时候自动由系统来完成。环境设置文件有两种,一种是系统环境设置文件,另一种是个人环境设置文件。

  (1)系统中的用户工作环境设置文件(对所有用户均生效)
- 登录环境设置文件:/etc/profile。
- 非登录环境设置文件:/etc/bashrc。

  (2)用户设置的环境设置文件(只对用户自身生效)
- 登录环境设置文件:$HOME/.bash_profile。
- 非登录环境设置文件:$HOME/.bashrc。

5.4.3 Shell 脚本跟踪与调试

1. 使用 bash 参数调试脚本

  在 bash 命令行中使用参数,可以在脚本运行之前检查其语法是否正确,也可以在脚本运行时跟踪其运行过程。表 5-9 中列出了使用 bash 参数调试脚本的命令。

表 5-9   使用 bash 参数调试脚本的命令

命令	说明
bash -n <script_name>	对脚本进行语法检查,通常在执行脚本之前先检查其语法是否正确
bash -v <script_name>	显示脚本中每个原始命令行及其执行结果
bash -x <script_name>	以调试模式执行脚本。对脚本中每条命令的处理过程为:先执行替换,然后显示,再执行命令

2. 在脚本中使用 set 命令调试脚本

  当脚本文件较长时,可以使用 set 命令指定调试一段脚本。在脚本中使用 set -x 命令开启调试模式,使用 set +x 命令关闭调试模式,示例如下:

```
#!/bin/bash
#Scriptname:test.sh
echo -e "Hello $LOGNAME,\c"
echo "It's nice talking to you."
echo -n "Your present working directory is:" $(pwd)
set -x   ### 开启调试模式 (调试结束可注释此行) ###
read -p "What is your name?" name
```

```
echo "Hello $name"
set +x   ### 关闭调试模式（调试结束可注释此行）###
echo -e "The time is `date +%T`!.\nBye"
echo
```

执行此 Shell 程序，显示效果如下：

```
$ bash test.sh
Hello andy,It's nice talking to you.
Your present working directory is: /home/andy+ read -p 'What is your name?' name
What is your name?zhangsan
+ echo 'Hello zhangsan'
Hello zhangsan
+ set +x
The time is 10:31:44!.
Bye $ bash test.sh
Hello andy,It's nice talking to you.
Your present working directory is: /home/andy+ read -p 'What is your name?' name
What is your name?zhangsan
+ echo 'Hello zhangsan'
Hello zhangsan
+ set +x
The time is 10:31:44!.
Bye
```

5.4.4　条件测试和分支结构

1. 条件测试

在 bash 的各种流程控制结构中通常要进行各种测试，然后根据测试结果执行不同的操作。测试语句的语法格式如下：

格式 1：　test < 测试表达式 >

格式 2：[< 测试表达式 >]

格式 3：[[< 测试表达式 >]]

使用条件测试可以判断命令成功或失败、表达式为真或假。bash 中没有布尔类型，使用测试语句的退出码表示真假：0 表示命令成功或表达式为真；非 0 则表示命令失败或表达式为假。

对上述测试语句的语法格式，有如下相关说明。

- 格式 1 和格式 2 是等价的，格式 3 是扩展的 test 命令。
- 在 [[]] 中可以使用 Shell 通配符进行模式匹配。
- &&、||、< 和 > 操作符能够正常存在于 [[]] 中，但不能在 [] 中出现。
- [和 [[之后的字符必须为空格，] 和]] 之前的字符必须为空格。
- 要对整数进行关系运算，可以使用 Shell 的算术运算符 (()) 进行测试。

在书写测试表达式时，会用到不同的测试操作符，主要包括文件测试操作符、字符串测试操作符、整数二元比较操作符和逻辑操作符等。

（1）文件测试操作符

常见的文件测试操作符如表 5-10 所示。

表 5-10　文件测试操作符

操作符	说明	操作符	说明
-e file	文件是否存在	-x file	是否为可执行文件
-f file	是否为普通文件	-O file	测试者是否为文件的属主
-d file	是否为目录文件	-G file	测试者是否为文件属主的同组者
-L file	是否为符号链接文件	-u file	是否为设置了 SUID 的文件
-b file	是否为块设备文件	-g file	是否为设置了 SGID 的文件
-c file	是否为字符设备文件	-k file	是否为设置了粘贴位的文件
-s file	文件长度不为 0（非空文件）	file1 -nt file2	file1 是否比 file2 新
-r file	是否为只读文件	file1 -ot file2	file1 是否比 file2 旧
-w file	是否为可写文件	file1 -ef file2	file1是否与file2共用相同的i-node（链接）

（2）字符串测试操作符

常见的字符串测试操作符如表 5-11 所示。

表 5-11　字符串测试操作符

操作符	说明	操作符	说明
-z string	测试字符串是否为空串	string1 == string2	测试两个字符串是否相同
-n string	测试字符串是否为非空串	string1 != string2	测试两个字符串是否不同

（3）整数二元比较操作符

在书写测试表达式时，可以使用表 5-12 中所示的比较操作符进行整数的二元比较。

表 5-12　整数二元比较操作符

	相等	不等	大于	大于或等于	小于	小于或等于
在 [] 中使用	-eq	-ne	-gt	-ge	-lt	-le
在 (()) 中使用	==	!=	>	>=	<	<=

（4）逻辑操作符

逻辑操作符能实现复杂的条件测试，常见的逻辑操作符如表 5-13 所示。

表 5-13　逻辑操作符

	实现"与"逻辑	实现"或"逻辑	实现"非"逻辑
在 [] 中使用	-a	-o	!
在 (()) 中使用	&&	||	!

2．if 语句

if 语句可以实现分支结构，其语法格式如下：

if <condition1>　　　# 如果条件测试 condition1 为真（返回值为 0）

```
then                  # 那么
<commands 1>          # 执行语句块 commands 1
[elif <condition 2>   # 若条件测试 condition1 不为真，而条件测试 condition2 为真
then                  # 那么
<commands 2>          # 执行语句块 commands 2
…        ]            # 可以有多个 elif…then…语句块，也可以一个都没有
[else                 #else 语句块只能有一个，是最后的默认分支，也可以省略
<commands n>  ]       # 执行语句块 commands n
fi                    #if 语句必须以 fi 终止
```

对 if 语句的相关说明如下。

- elif 语句块可以有多个（0 个或多个）。
- else 语句块最多只能有一个（0 个或 1 个）。
- 条件测试可以是表达式，其值为 0 时表示条件测试为真，非 0 时为假。
- 条件测试也可以是多个命令，以最后一个命令的退出状态为其值，0 时为真，非 0 时为假。
- 语句块可以是一条命令或多条命令，也可以是空命令 "："（即冒号，该命令不做任何事，只返回一个退出状态 0）。

下面给出两个 if 语句的应用示例。

示例 1：对用户的输入内容进行判断并输出信息。

```
#!/bin/bash
##filename:areyouok.sh
echo "Are you OK ?"
read answer
# 在 if 语句的条件判断部分使用扩展的 test 语句 [[…]]
if [[ $answer == Yes || $answer == OK ]]
then echo "Glad to hear it."
fi
$ sh areyouok.sh
Are you OK ?
OK
Glad to hear it.
```

示例 2：对用户输入的年龄根据不同年龄段输出相应的信息。

```
#!/bin/bash
##filename:ask-age.sh
read -p "How old are you?" age
# 使用 Shell 算术运算符 (()) 进行条件测试
if((age<0 || age >200));then
    echo " 输入的年龄有误，请核实 "
    exit 1
fi
# 使用多分支 if 语句
```

```
if((age>=0 && age<7));then
    echo " 婴幼儿 !"
elif((age>=7 && age<17));then
    echo " 青少年 !"
else
    echo " 成人 !"
fi
$ bash ask-age.sh
How old are you?36
成人 !
```

3. case 语句

case 语句也可以实现分支结构，其语法格式如下：

```
case expr in                #expr 为表达式，关键字 in 不要忘
    pattern 1)              # 若 expr 与 pattern 1 匹配（注意括号）
        commands 1         # 执行语句块 commands 1
        ;;                 # 跳出 case 结构
    pattern 2)             # 若 expr 与 pattern 2 匹配
        commands 2         # 执行语句块 commands 2
        ;;                 # 跳出 case 结构
    …                      # 可以有任意多个模式匹配块
    *)                     # 若 expr 与上面的模式都不匹配
        commands           # 执行语句块 commands
        ;;                 # 跳出 case 结构
esac                       #case 语句必须以 esac 终止
```

对 case 语句的相关说明如下。

- 表达式 expr 按顺序匹配每个模式，一旦有一个模式匹配成功，则执行该模式后面的所有命令，然后退出 case。
- 如果 expr 没有找到匹配的模式，则执行默认值 "*)" 后面的命令块（类似于 if 语句中的 else 块），"*)" 块可以不出现。
- 所给的匹配模式 pattern 中可以含有通配符和逻辑或 "|"。
- 除非特殊需要，否则每个命令块的最后必须有一个双分号 ";;"（与 C 语言中 switch 分支结构的 break 语句功能一致），可以独占一行，也可以放在语句块最后一个命令的后面。

示例：根据用户的选择显示不同的信息。

```
#!/bin/bash
##filename:what-lang.sh
echo " 你喜欢哪种脚本语言？ "
read -p "1)bash 2)perl 3)python 4)ruby:" lang
```

```
case $lang in
    1) echo " 你选择的是 bash" ;;
    2) echo " 你选择的是 perl" ;;
    3) echo " 你选择的是 python" ;;
    4) echo " 你选择的是 ruby" ;;
    *) echo " 输入信息有误，请核实 " ;;
esac
$ bash what-lang.sh
你喜欢哪种脚本语言？
1)bash 2)perl 3)python 4)ruby:4
你选择的是 ruby
```

5.4.5 循环结构

1. while 和 until 语句

while 语句的语法格式如下：

while condition

do

    commands

done

当条件测试 condition 为真（其退出码 $? 为 0）时执行循环体 commands，否则退出循环。

until 语句的语法格式如下：

until condition

do

    commands

done

当条件测试 condition 为真（其退出码 $? 为 0）时结束循环，否则继续执行循环体 commands。

示例：猜数游戏，系统随机产生一个 1 到 100 的随机整数，猜中后退出。

```
#!/bin/bash
##filename:guess_number.sh
## 随机产生一个 1 到 100 的整数
num=$((RANDOM%100))
# 使用永真循环、条件退出的方式接收用户的猜测并进行判断
while [ 1 ]    # 或 ((1)) 或空语句
do
    read -p " 请输入一个 1 到 100 之间的整数 :" user_num
    if [ $user_num -lt $num ]
    then
        echo " 你输入的数小了 "
    elif [ $user_num -gt $num ]
    then
        echo " 你输入的数大了 "
```

```
    elif [ $user_num -eq $num ]
    then
        echo " 祝贺你，猜对了。这个数是 $num"
        break
    fi
done
$ bash guess_number.sh
请输入一个 1 到 100 之间的整数 :50
你输入的数大了
请输入一个 1 到 100 之间的整数 :25
你输入的数大了
请输入一个 1 到 100 之间的整数 :10
你输入的数小了
请输入一个 1 到 100 之间的整数 :14
你输入的数大了
请输入一个 1 到 100 之间的整数 :13
祝贺你，猜对了。这个数是 13
```

bash 提供了下面两个循环控制语句。

- break：用来跳出循环，继续执行 done 之后的语句。
- continue：只会跳过本次循环，忽略本次循环剩余的代码，进入循环的下一次迭代。

2. for 语句

for 语句的语法格式如下：

for variable in List

do

  commands

done

先将列表 List 的第 1 个值赋给变量 variable 后执行循环体 commands，再将列表 List 的第 2 个值赋给变量 variable 后执行循环体 commands，如此循环，直到 List 中所有列表元素值都已用完才终止循环。循环执行的次数取决于列表 List 中元素的个数。

示例：用户输入一个正整数，计算这个数的阶乘。比如输入 10，其阶乘即为 $1\times2\times3\times\cdots\times10$。

```
#!/bin/bash
##filename:compute_factorial
read -p " 请输入一个正整数：" user_num
sum=1
for ((i=1;i<=$user_num;i++))
do
    ((sum*=i))
done
echo "$user_num 的阶乘为 :$sum"
$ bash compute_factorial.sh
请输入一个正整数：10
10 的阶乘为 :3628800
```

3. select 语句

select 语句的语法格式如下：

select variable in List

do

　　commands

done

先将列表 List 的第 1 个值赋给变量 variable 后执行循环体 commands，再将列表 List 的第 2 个值赋给变量 variable 后执行循环体 commands，如此循环，直到 List 中所有列表元素值都已用完才终止循环。select 语句是一个无限循环，通常要配合 case 语句处理不同的选项及退出。可以按 Ctrl+C 组合键退出 select 循环，也可以在循环体内用 break 命令退出循环，还可以用 exit 命令终止脚本执行。

示例：输入一个数值，显示其选择的内容。

```
#!/bin/bash
##filename:select_num.sh
user_num='Please choose your number: '
echo
select number in "one" "two" "three" "four" "five"
do
    echo "Your choose is $number."
    echo
    break
done
exit 0
$ bash select_num.sh
1) one
2) two
3) three
4) four
5) five
#? 3

Your choose is three.
```

实验一：使用 Shell 脚本编写九九乘法表

实验目标

- 掌握 Shell 脚本编程的过程
- 掌握 for 循环的应用
- 掌握 Shell 脚本的执行

实验任务描述

小张在学习了 Linux 操作系统下 Shell 命令的使用技巧后，越发体会到使用 Shell 命令进行系统管理的好处，也深深被 Shell 脚本编程所吸引。由于他学习过 Java 程序语言和 Python 程序语言，因此觉得使用 Shell 脚本编程应该并不难。他决定从简单的入手，先使用 Shell 编写一个能够打印出九九乘法表的脚本。

实验环境要求

- Windows 桌面操作系统（建议使用 Windows 10）
- CentOS 9 操作系统

实验步骤

第 1 步：登录系统后，创建一个名为 chengfabiao.sh 的文件，具体执行的命令如下：

```
[root@office ~]#touch chengfabiao.sh
```

第 2 步：编辑 chengfabiao.sh 的内容。具体内容如下：

```
[root@office ~]#vi chengfabiao.sh
[root@office ~]# cat chengfabiao.sh
#!/bin/bash
for i in `seq 9`
do
        for j in `seq $i`
        do
                echo -n "$j*$i=$[i*j]  "
        done
        echo
done
```

第 3 步：修改文件权限。具体执行的命令如下：

```
[root@office ~]# chmod 744 chengfabiao.sh
[root@office ~]# ls -l
-rwxr--r--. 1 root root    100  2月  7 16:09 chengfabiao.sh
```

第 4 步：执行脚本文件。具体执行的命令及显示情况如下：

```
[root@office ~]# chengfabiao.sh
bash: chengfabiao.sh: command not found...
```

可以看到，执行命令后提示命令没有找到。这是因为当前目录并未在 Linux 操作系统的 PATH 变量值中，可以直接使用绝对路径执行，也可以使用相对路径执行，或者在 PATH 变量中将表示当前目录的相对路径"."加上。

使用绝对路径重新执行脚本文件，显示效果如下：

```
[root@office ~]# pwd
/root
[root@office ~]# /root/chengfabiao.sh
1*1=1
1*2=2    2*2=4
1*3=3    2*3=6 3*3=9
1*4=4    2*4=8 3*4=12 4*4=16
1*5=5    2*5=10 3*5=15 4*5=20 5*5=25
1*6=6    2*6=12 3*6=18 4*6=24 5*6=30 6*6=36
1*7=7    2*7=14 3*7=21 4*7=28 5*7=35 6*7=42 7*7=49
1*8=8    2*8=16 3*8=24 4*8=32 5*8=40 6*8=48 7*8=56 8*8=64
1*9=9    2*9=18 3*9=27 4*9=36 5*9=45 6*9=54 7*9=63 8*9=72 9*9=81
```

使用相对路径执行脚本文件，显示结果如图 5-5 所示。

```
[root@office ~]# ./chengfabiao.sh
1*1=1
1*2=2    2*2=4
1*3=3    2*3=6    3*3=9
1*4=4    2*4=8    3*4=12   4*4=16
1*5=5    2*5=10   3*5=15   4*5=20   5*5=25
1*6=6    2*6=12   3*6=18   4*6=24   5*6=30   6*6=36
1*7=7    2*7=14   3*7=21   4*7=28   5*7=35   6*7=42   7*7=49
1*8=8    2*8=16   3*8=24   4*8=32   5*8=40   6*8=48   7*8=56   8*8=64
1*9=9    2*9=18   3*9=27   4*9=36   5*9=45   6*9=54   7*9=63   8*9=72   9*9=81
[root@office ~]#
```

◎ 图 5-5　使用相对路径执行脚本文件的效果

第 5 步：在 PATH 变量中将表示当前目录的相对路径"."加上。先查看一下当前 PATH 变量的值，执行的命令及显示内容如下：

```
[root@office ~]# echo $PATH
/root/.local/bin:/root/bin:/usr/local/sbin:/sbin:/bin:/usr/sbin:/usr/bin
```

将"."添加在最后，与前面的值用":"隔开。具体执行的命令及显示内容如下：

```
[root@office ~]# PATH=$PATH:.
[root@office ~]# echo $PATH
/root/.local/bin:/root/bin:/usr/local/sbin:/sbin:/bin:/usr/sbin:/usr/bin:.
```

第 6 步：直接执行脚本文件，效果如图 5-6 所示。

```
[root@office ~]# chengfabiao.sh
1*1=1
1*2=2    2*2=4
1*3=3    2*3=6    3*3=9
1*4=4    2*4=8    3*4=12   4*4=16
1*5=5    2*5=10   3*5=15   4*5=20   5*5=25
1*6=6    2*6=12   3*6=18   4*6=24   5*6=30   6*6=36
1*7=7    2*7=14   3*7=21   4*7=28   5*7=35   6*7=42   7*7=49
1*8=8    2*8=16   3*8=24   4*8=32   5*8=40   6*8=48   7*8=56   8*8=64
1*9=9    2*9=18   3*9=27   4*9=36   5*9=45   6*9=54   7*9=63   8*9=72   9*9=81
[root@office ~]#
```

◎ 图 5-6　直接执行脚本文件的效果

实验二：使用 Shell 脚本编写一个用户猜数字的小游戏

实验目标

- 了解 Shell 脚本如何获取数据
- 掌握生成随机数的方法
- 掌握 if 语句的使用

实验任务描述

通过编写九九乘法表的小程序，小张了解了 Shell 脚本编程的基本过程。他知道在交互式过程中，从用户获取数据以及进行判断的情况是非常常见的，于是想到了以前编程课程中做过的一个猜数字的小程序，也想使用 Shell 脚本来实现。

实验环境要求

- Windows 桌面操作系统（建议使用 Windows 10）
- CentOS 9 操作系统

实验步骤

第 1 步：登录系统后，使用 vi 编辑器编写一个名为 caishuzi.sh 的文件，内容如下：

```
[root@office ~]#vi caishuzi.sh
[root@office ~]#cat caishuzi.sh

#!/bin/bash

# 用脚本生成一个 1 到 100 的随机整数，提示用户猜数字的值，根据用户输入进行提示，直至猜对

#RANDOM 为系统自带的系统变量，值为 0 ～ 32767 的随机整数
# 使用取余算法将随机数变为 1 ～ 100 的随机整数

num=$[RANDOM%100+1]

# 使用 read 提示用户猜数字
# 使用 if 判断用户猜数字的大小关系

while :
do
    read -p " 计算机生成了一个 1-100 的随机整数，你猜猜这个数是： " user_num
    if [ $user_num -eq $num ]
```

```
then
        echo " 恭喜你，猜对了！！！ "
        exit
elif [ $user_num -gt $num ]
then
        echo " 你猜的数字大了，再猜猜 "
else
        echo " 你猜的数字小了，再猜猜 "
    fi
done
```

第 2 步：给脚本文件添加可执行的权限。具体执行的命令及显示情况如下：

```
[root@office ~]# chmod 744 caishuzi.sh
[root@office ~]# ls -l caishuzi.sh
-rwxr--r--. 1 root root 684  2 月  7 16:44 caishuzi.sh
```

第 3 步：执行脚本文件，效果如图 5-7 所示。

```
[root@office ~]# caishuzi.sh
计算机生成了一个1-100的随机整数，你猜猜这个数是：50
你猜的数字小了，再猜猜
计算机生成了一个1-100的随机整数，你猜猜这个数是：78
你猜的数字大了，再猜猜
计算机生成了一个1-100的随机整数，你猜猜这个数是：65
你猜的数字大了，再猜猜
计算机生成了一个1-100的随机整数，你猜猜这个数是：60
你猜的数字大了，再猜猜
计算机生成了一个1-100的随机整数，你猜猜这个数是：55
你猜的数字小了，再猜猜
计算机生成了一个1-100的随机整数，你猜猜这个数是：57
你猜的数字小了，再猜猜
计算机生成了一个1-100的随机整数，你猜猜这个数是：58
恭喜你，猜对了！！！
[root@office ~]#
```

◎ 图 5-7　猜数字脚本执行效果

实验三：定期备份日志文件

实验目标

- 了解 Linux 操作系统中定时任务的作用
- 掌握使用 date 命令为文件添加日期标签的方法
- 掌握使用 Shell 脚本完成定期备份任务的操作过程

实验任务描述

在对服务器系统进行运维时备份数据是个重要的工作，使用自动备份可以大大节省人力，提高安全性和可靠性。本任务将编写一个 Shell 脚本，作用是实现每周五使用 tar 命令备份 /var/log 下的所有日志文件，并为日志文件添加相应的日期标签。

实验环境要求

- Windows 桌面操作系统（建议使用 Windows 10）
- CentOS 9 操作系统

实验步骤

第 1 步：登录系统后，使用 vi 编辑器编写一个名为 logbak.sh 的文件，内容如下：

```
[root@office ~]# vi logbak.sh
[root@office ~]# cat logbak.sh
#!/bin/bash
# 每周五使用 tar 命令备份 /var/log 下的所有日志文件
# 为了防止后面的备份文件将前面的备份文件覆盖，备份文件名必须包含日期标签

tar -czf log-`date +%Y%m%d`.tar.gz /var/log
```

第 2 步：给脚本文件添加可执行权限。具体执行的命令及显示情况如下：

```
[root@office ~]# chmod 744 logbak.sh
[root@office ~]# ls -l logbak.sh
-rwxr--r--. 1 root root 218  2 月  7 17:03 logbak.sh
```

第 3 步：编写计划任务，将备份脚本添加到计划任务中，命令如下：

```
[root@office ~]# crontab -e
00 03 * * 5 /root/logbak.sh
```

任务巩固

1. Linux Shell 是如何完成命令解释的？
2. Linux Shell 中有管道技术，什么情况下会使用管道技术？
3. 编写一个 Shell 脚本，要求用户输入三个整数，然后将这三个数由大到小进行排序。

任务总结

Linux 操作系统作为最成功的开源操作系统之一，其应用领域、影响范围都十分广泛，目前对于 Linux 操作系统的管理，尤其是 Linux 作为服务器进行管理时，Shell 的使用非常广泛，因此熟练掌握 Linux 的 Shell 相关操作是十分重要且必须的。Linux Shell 支持脚本编程，这给系统运维和管理都带来了十分重大的帮助，作为 Linux 操作系统的运维人员，掌握 Shell 脚本的编写，利用 Shell 脚本来简化运维流程、提高运维效率是十分重要的一个技能。限于篇幅，本任务并未对 Shell 脚本编程进行深入讲解，学有余力的同学可以自行查找相关资料进行学习，例如正则表达式在 Shell 脚本编程中的应用。

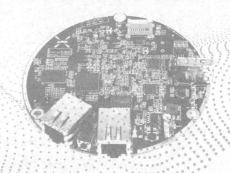

任务六

Linux 操作系统磁盘管理

任务背景及目标

　　通过几天的学习和实践，小张对 Linux 操作系统下 Shell 命令及 Shell 编程有了进一步的了解和认识，这让他感到非常开心，因为他知道自己的水平又有了长足的进步。现在，他对自己进行 Linux 管理，提升管理效率都有非常大的信心，于是他又来找老李。

　　小张：李工，您让我熟悉 Linux 的 Shell 编程，我感觉这部分知识太重要了。现在我基本了解了 Shell 的概念和基本操作，但要想熟练地掌握和应用，还需要长期的实践和积累。

　　老李：是啊，学习是需要循序渐进和不断总结积累的，但是咱们的工作还要抓紧完成。要想提供良好的文件服务，我们还要对 Linux 操作系统的磁盘管理有深入的了解和认识。

　　小张：磁盘管理，就是对硬盘进行分区操作吗？

　　老李：嗯，Linux 操作系统的磁盘管理包括对磁盘进行分区、格式化等，还包括对逻辑卷的管理、文件系统的管理，还包括我们如何把光盘、U盘内的文件挂载到 Linux 操作系统中，如何给不同的用户分配磁盘配额等。这对我们后面提供相关服务时是很重要的技术支撑。

　　小张：好的，李工，那我接下来就去了解一下 Linux 操作系统的磁盘管理。

职业能力目标

- 了解 Linux 操作系统的存储与磁盘分区
- 掌握逻辑卷管理
- 掌握文件系统管理
- 掌握磁盘配额的配置与管理

● 知识结构 ●

```
                              了解操作系统中的存储管理
                              掌握磁盘与分区的概念和作用
                    知识需求  掌握逻辑卷的概念和作用
                              了解文件系统的概念和作用
                              掌握磁盘配额的概念和作用
Linux操作系统磁盘管理
                              在Linux系统下对磁盘进行分区和管理
                    技能需求  在Linux系统下进行逻辑卷管理
                              在Linux系统下进行磁盘配额管理
```

课前自测

- 什么是文件系统？
- 如何对硬盘进行分区？
- 什么是逻辑卷？如何对逻辑卷进行管理？
- 什么是磁盘配额？

6.1 存储管理与磁盘分区

在计算机系统中，用户的文件、数据等主要存储在磁盘中，也就是通常所说的硬盘。除了硬盘，常用的存储设备还包括光盘、U 盘和一些共享存储资源。操作系统并不能直接使用磁盘，使用前需要对磁盘进行分区，并将其格式化成相应的文件系统，然后进行挂载才可以使用。

6.1.1 本地存储管理与文件系统

1. 本地存储管理的任务和工具

本地存储管理的任务主要包括磁盘分区、逻辑卷管理和文件系统管理。

表 6-1 列出了本地存储管理的常用工具。

表 6–1 本地存储管理的常用工具

任务	工具	软件包	说明
分区	fdisk	util-linux	磁盘分区工具，仅支持 Master Boot Record（MBR），最大分区大小为 2TB
	gdisk	gdisk	磁盘分区工具，仅支持 GUID Partition Table（GPT）
	parted	parted	磁盘分区工具，同时支持 MBR 和 GPT
逻辑卷	lvm	lvm2	逻辑卷管理工具（包括物理卷、卷组、逻辑卷的管理）
文件系统	mount	util-linux	挂载文件系统
	umount	util-linux	卸载文件系统
	mkfs.ext{2,3,4}	e2fsprogs	创建 ext2、ext3、ext4 类型的文件系统
	mkfs.xfs	xfsprogs	创建 xfs 类型的文件系统
	fsck.ext{2,3,4}	e2fsprogs	检查并修复 ext2、ext3、ext4 类型的文件系统
	xfs_repair	xfsprogs	检查并修改 xfs 类型的文件系统
	tune2fs	e2fsprogs	调整 ext2、ext3、ext4 类型的文件系统属性
	xfs_admin	xfsprogs	设置 xfs 类型的文件系统的参数
	resize2fs	e2fsprogs	调整 ext2、ext3、ext4 类型的文件系统尺寸
	xfs_growfs	xfsprogs	扩展 xfs 类型的文件系统尺寸
	fsadm	lvm2	检查 ext2、ext3、ext4、xfs 等类型的文件系统，调整 ext2、ext3、ext4、xfs 等类型的文件系统尺寸

任务	工具	软件包	说明
交换区	mkswap	util-linux	创建交换空间
	swapon	util-linux	启用交换空间
	swapoff	util-linux	禁用交换空间

2. 使用文件系统的一般方法

系统和用户的所有数据都存储在文件系统上，使用文件系统的前提是先创建分区和 / 或逻辑卷，然后将其挂载到文件系统目录树上，被挂载的目录称为挂载点。Linux 操作系统中使用的文件系统通常是在安装时创建的。对于实际运行的系统，经常还会遇到需要对现有的分区进行调整或建立新的分区和 LVM 的情况。

要使用文件系统，一般要遵循以下步骤。

①在硬盘上创建分区和 / 或逻辑卷。

②在分区或逻辑卷上创建文件系统。这种操作类似于 Windows 操作系统下进行的格式化操作。

③挂载文件系统到系统中。在分区或逻辑卷上创建好文件系统后，可以将该分区或逻辑卷的文件系统挂载到系统中相应的目录下以便使用。挂载可以分为手工挂载和开机自动挂载两种方式。

④卸载文件系统。对于可移动介质上的文件系统，当使用完毕后，需要进行卸载。

3. Linux 支持的文件系统

Linux 的内核采用了称为 VFS（虚拟文件系统）的技术，因此 Linux 可以支持多种不同的文件系统类型。每一种类型的文件系统都提供一个公共的软件接口给 VFS。Linux 文件系统的所有细节由软件进行转换，因而从 Linux 的内核及在 Linux 中运行的程序来看，所有类型的文件系统都没有差别，Linux 的 VFS 允许用户同时不受干扰地安装和使用多种不同类型的文件系统。

CentOS 支持多种类型的文件系统，不仅可以很好地支持 Linux 标准的文件系统，甚至还支持 Windows 等其他多种平台的文件系统。表 6-2 列出了 CentOS 支持的常见文件系统。可以使用 man 5 fs 命令查看多种文件系统类型的信息。

表 6-2 CentOS 支持的常见文件系统

文件系统	软件包	说明
ext2	e2fsprogs	Linux 的标准文件系统，是 ext 文件系统的后续版本
ext3、ext4	e2fsprogs	由 ext2 扩展的日志文件系统
xfs	xfsprogs	由 SGI 开发的一种日志文件系统
btrfs	btrfs-progs	下一代 Linux 标准文件系统，支持可写的磁盘快照（snapshots）、内建的磁盘阵列（RAID）和子卷（Subvolumes）等功能
vfat	dosfstools	Windows 95、Windows NT 上使用的支持长文件名的 DOS 文件系统扩展
ntfs-3g	ntfs-3g	Windows 的 NTFS 系统
ISO9660	genisoimage	标准 CD-ROM 文件系统类型
swap	util-linux	在 Linux 中作为交换分区使用，交换分区用于操作系统管理内存的交换空间

6.1.2　硬盘及分区

1. 硬盘及其分类

硬盘（Hard Disk）是计算机配置的大容量外存储器。随着技术的进步，硬盘可以分为以下两类。

- 机械硬盘：机械硬盘由盘片、磁头、盘片转轴及控制电机、磁头控制器、数据转换器、接口、缓存等几个部分组成。
- 固态硬盘（Solid State Disk，SSD）：是由固态电子存储芯片阵列制成的，无机械部件。固态硬盘具有读写速度快、更加抗震、无噪声、工作温度范围大等优点。但现在的固态硬盘都有固定的读写次数限制且价格较机械硬盘更贵。

2. 硬盘接口方式

硬盘的接口方式主要有 PATA（即 IDE）接口、SATA 接口、SCSI 接口、SAS 接口和 FC-AL 接口等。个人电脑多采用 SATA 接口，服务器多采用 SCSI、SAS、FC-AL 接口。

服务器硬盘上一般会保存有大量重要的数据，而且一般需要 7×24 小时不间断运行，因此，选择服务器硬盘应从如下几方面考虑。

- 较高的稳定性和可靠性。
- 支持热插拔。
- 较快的数据存取速度。

为了使硬盘能够适应大数据量、超长工作时间的工作环境，服务器一般采用高速、稳定、安全的 SAS、SCSI、FC-AL 接口硬盘。

- FC-AL 接口主要应用于任务级的关键数据的大容量实时存储，可以满足高性能、高可靠性和高扩展性的存储需要。
- SCSI 接口主要应用于商业级的关键数据的大容量存储。
- SAS 接口可以支持 SAS 和 SATA 磁盘，能够满足不同性价比的存储需求，是具有高性能、高可靠性和高扩展性的解决方案，因而被业界公认为是取代并行 SCSI 的不二之选。
- SATA 接口主要应用于非关键数据的大容量存储、近线存储和非关键性应用。

确定了硬盘的接口和类型后，就要重点考查影响硬盘性能的技术指标，根据转速、单碟容量、平均寻道时间、缓存等因素，选择性价比最高的硬盘方案。

3. 使用 fdisk 分区

Linux 环境下通常使用 fdisk 命令对磁盘进行分区。fdisk 命令的语法格式如下：

#fdisk＜硬盘设备名＞　　　//进入 fdisk 的交互操作方式，对指定的硬盘进行分区操作
#fdisk -l＜硬盘设备名＞　　//在命令行方式下显示指定硬盘的分区表信息

在 fdisk 的交互操作方式下，可以使用若干子命令，如表 6-3 所示。

表 6-3　fdisk 的子命令

命令	说明	命令	说明
a	为分区设置可启动标志	p	列出硬盘分区表
d	删除一个硬盘分区	q	退出 fdisk，不保存更改
l	列出所有支持的分区类型	t	更改分区类型

命令	说明	命令	说明
m	列出所有命令说明	u	切换所显示的分区大小的单位
n	创建一个新的分区	w	把设置写入硬盘分区表，然后退出
o	创建 DOS 类型的空分区表	g	创建 GPT 类型的空分区表

下面使用之前安装的 CentOS 系统进行练习，先查看一下系统的磁盘情况，读者可以通过练习，理解并体会 fdisk 命令的用法。

在 VMware Workstation 中查看虚拟机的设置，如图 6-1 所示。

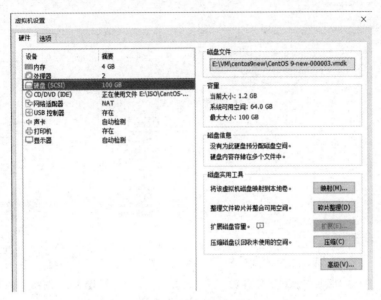

◎ 图 6-1　虚拟机设置

通过图 6-1 可以看到，当前 CentOS 系统中只有一块 SCSI 接口的硬盘，大小为 100GB。在 Linux 操作系统中，SCSI 接口的硬盘被标识为 sd，第一块 SCSI 接口的硬盘被标识为 sda，第二块 SCSI 接口的硬盘被标识为 sdb，依次类推。

使用 fdisk 命令查看这块硬盘的分区情况，如图 6-2 所示。

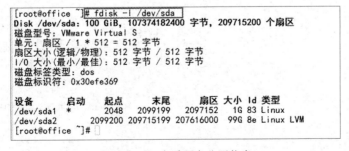

◎ 图 6-2　查看硬盘分区信息

在计算机系统中，如果存储的数据量不断增加，原来的磁盘容量已不能满足数据存储的需求时，通常会增加磁盘。增加的磁盘需要进行分区、格式化才可以使用。下面我们为现在的 CentOS 系统增加一块 60GB 的 SCSI 接口硬盘，并将其划分为三个分区，每个分区 20GB 大小。具体操作步骤介绍如下。

第 1 步：打开"虚拟机设置"对话框（要求虚拟机是在关机状态下），单击"添加"按钮，如图 6-3 所示。如果是给物理机添加物理磁盘，需要在断电的情况下打开机箱，按相关操作说明完成磁盘的添加。

第 2 步：在弹出的"添加硬件向导"对话框中，选择"硬盘"选项，然后单击"下一步"按钮，如图 6-4 所示。

◎ 图 6-3 添加虚拟机硬件资源　　　　　　　◎ 图 6-4 选择添加硬盘

第 3 步：选择磁盘类型。这里建议选择 SCSI 接口类型的磁盘，然后单击"下一步"按钮，如图 6-5 所示。

第 4 步：选择"创建新虚拟磁盘"选项，然后单击"下一步"按钮，如图 6-6 所示。

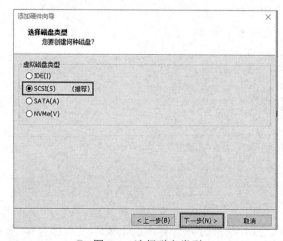

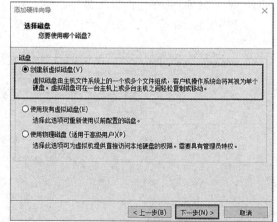

◎ 图 6-5 选择磁盘类型　　　　　　　　　◎ 图 6-6 选择磁盘

第 5 步：设置磁盘大小为 60GB，其他选项保持默认值即可，单击"下一步"按钮，如图 6-7 所示。

第 6 步：单击"完成"按钮，并开启虚拟机登录，在 root 模式下，执行 **fdisk -l** 命令，可以看到除了之前的 sda 磁盘，系统中又增加了一个 sdb 磁盘，如图 6-8 所示。

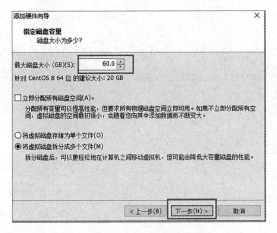

◎ 图 6-7　指定磁盘大小

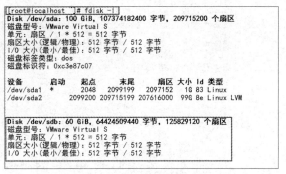

◎ 图 6-8　新增加的 sdb 磁盘

第 7 步：对 /dev/sdb 磁盘进行分区，执行 **fdisk /dev/sdb** 命令，如图 6-9 所示。

如果对 fdisk 命令不熟，可以输入"m"，查看一下当前可以使用的子命令，如图 6-10 所示。这里的内容在表 6-3 中也做了介绍。

◎ 图 6-9　使用 fdisk 命令开始分区

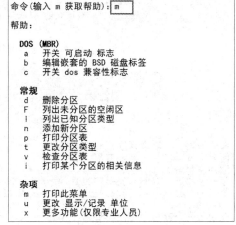

◎ 图 6-10　查看子命令信息

如果要创建新的分区，需要输入命令"n"，选择分区时输入"p"或直接按 Enter 键，创建主分区。分区号输入"1"或直接按 Enter 键，第一个扇区直接 Enter 键，最后一个扇区有不同的输入方式，这里主分区大小输入"+20G"，即创建一个大小为 20GB 的主分区，如图 6-11 所示。

◎ 图 6-11　创建主分区

接下来创建扩展分区，依次输入 "n" "e"，然后连续三次按 Enter 键，如图 6-12 所示。

```
命令(输入 m 获取帮助):  n
分区类型
   p    主分区  (1 primary, 0 extended, 3 free)
   e    扩展分区  (逻辑分区容器)
选择  (默认 p):  e
分区号  (2-4, 默认  2):
第一个扇区  (41945088-125829119, 默认 41945088):
最后一个扇区, +/-sectors 或 +size{K, M, G, T, P} (41945088-125829119, 默认 125829119):

创建了一个新分区 2, 类型为 "Extended", 大小为 40 GiB。

命令(输入 m 获取帮助):
```

◎ 图 6-12   创建扩展分区

这时输入 "p"，查看当前分区状态，如图 6-13 所示。

```
命令(输入 m 获取帮助):  p
Disk /dev/sdb: 60 GiB, 64424509440 字节, 125829120 个扇区
磁盘型号: VMware Virtual S
单元: 扇区 / 1 * 512 = 512 字节
扇区大小(逻辑/物理): 512 字节 / 512 字节
I/O 大小(最小/最佳): 512 字节 / 512 字节
磁盘标签类型: dos
磁盘标识符: 0x5aa2822b

设备        启动      起点          末尾         扇区    大小  Id  类型
/dev/sdb1            2048     41945087   41943040   20G  83  Linux
/dev/sdb2         41945088   125829119  83884032   40G   5  扩展

命令(输入 m 获取帮助):
```

◎ 图 6-13   查看分区状态

扩展分区不能直接被使用，需要在扩展分区上创建逻辑分区。输入 "n"，然后按 Enter 键，接着输入 "+20G"，创建第一个逻辑分区；再输入 "n"，然后连续两次按 Enter 键，如图 6-14 所示。

```
命令(输入 m 获取帮助):  n
所有主分区的空间都在使用中。
添加逻辑分区 5
第一个扇区 (41947136-125829119, 默认 41947136):
最后一个扇区, +/-sectors 或 +size{K, M, G, T, P} (41947136-125829119, 默认 125829119):  +20G

创建了一个新分区 5, 类型为 "Linux", 大小为 20 GiB。

命令(输入 m 获取帮助):  n
所有主分区的空间都在使用中。
添加逻辑分区 6
第一个扇区 (83892224-125829119, 默认 83892224):
最后一个扇区, +/-sectors 或 +size{K, M, G, T, P} (83892224-125829119, 默认 125829119):

创建了一个新分区 6, 类型为 "Linux", 大小为 20 GiB。

命令(输入 m 获取帮助):
```

◎ 图 6-14   创建逻辑分区

这时再输入 "p"，查看当前分区情况，如图 6-15 所示。

此时分区情况满足前期规划，可以保存退出。如果分区过程中有输入错误等情况，可以使用命令 "d" 删除分区，重新划分。输入 "w" 保存分区配置并退出 fdisk，如图 6-16 所示。

```
命令(输入 m 获取帮助)：p
Disk /dev/sdb: 60 GiB, 64424509440 字节, 125829120 个扇区
磁盘型号：VMware Virtual S
单元：扇区 / 1 * 512 = 512 字节
扇区大小(逻辑/物理)：512 字节 / 512 字节
I/O 大小(最小/最佳)：512 字节 / 512 字节
磁盘标签类型：dos
磁盘标识符：0x5aa2822b

设备        启动    起点       末尾      扇区      大小 Id 类型
/dev/sdb1          2048   41945087  41943040   20G 83 Linux
/dev/sdb2       41945088  125829119  83884032   40G  5 扩展
/dev/sdb5       41947136   83890175  41943040   20G 83 Linux
/dev/sdb6       83892224  125829119  41936896   20G 83 Linux

命令(输入 m 获取帮助)：
```

```
命令(输入 m 获取帮助)：w
分区表已调整。
将调用 ioctl() 来重新读分区表。
正在同步磁盘。

[root@localhost ~]#
```

◎ 图 6-15　再次查看分区情况　　　　　　　　◎ 图 6-16　保存分区信息

4. 静态分区的缺点

在安装 Linux 的过程中，如何正确评估各分区大小是一个难题。因为系统管理员不但要考虑当前某个分区需要的容量，还要预见该分区以后可能需要的容量的最大值。如果估计不准确，当日后某个分区不够用时，系统管理员甚至需要备份整个系统、清除硬盘、重新对硬盘分区，然后恢复数据到新分区。

某个分区空间耗尽时，通常的解决方法如下。

- 使用符号链接，但这将破坏 Linux 文件系统的标准结构。
- 使用调整分区大小的工具，这种操作一般要停机操作，需要关机一段时间。
- 备份整个系统、清除硬盘、重新对硬盘分区，然后恢复数据到新的分区。这种操作需要停机操作，而且数据量较大，需要大量的时间，还有可能造成文件的丢失或损坏。

使用静态分区，当某个分区空间耗尽时，只能暂时解决问题，没有从根本上解决问题。使用 Linux 的逻辑卷管理可以从根本上解决这个问题，使用户在无须停机的情况下方便地调整各个逻辑卷的大小。

6.2　逻辑卷管理

6.2.1　LVM 相关概念

1. 什么是 LVM

LVM 是逻辑卷管理（Logical Volume Manager）的简称，是 Linux 环境下对磁盘分区进行管理的一种机制。LVM 是建立在硬盘或分区之上的一个逻辑层，为文件系统屏蔽下层磁盘分区布局，从而提高磁盘分区管理的灵活性。通过 LVM 系统，管理员可以轻松管理磁盘分区，如将若干个磁盘分区连接为一个整块的卷组（volume group），形成一个存储池。管理员可以在卷组上随意创建逻辑卷（logical volume），并进一步在逻辑卷上创建文件系统。管理员通过 LVM 可以方便地调整卷组的大小，并且可以对磁盘存储按照组的方式进行命名、管理和分配。例如，按照使用用途定义"销售部数据存储"和"财务部数据存储"，而不是

使用物理磁盘名 sda 和 sdb。当系统添加了新的磁盘后，管理员不必将磁盘的文件移动到新的磁盘上以充分利用新的存储空间，而只需通过 LVM 直接扩展文件系统跨越磁盘即可。

2. LVM 术语

（1）物理卷（Physical Volume，PV）

- 物理卷在 LVM 系统中处于底层。
- 物理卷可以是整个硬盘、硬盘上的分区，或从逻辑上与有磁盘分区具有同样功能的设备（如 RAID）。
- 物理卷是 LVM 的基本存储逻辑块，但和基本的物理存储介质（如分区、磁盘）相比，却包含与 LVM 相关的管理参数。

（2）卷组（Volume Group，VG）

- 卷组建立在物理卷之上，由一个或多个物理卷组成。
- 卷组创建之后，可以动态地添加物理卷到卷组中，在卷组上可以创建一个或多个 LVM 分区（逻辑卷）。
- 一个 LVM 系统中可以只有一个卷组，也可以包含多个卷组。
- LVM 管理的卷组类似于非 LVM 系统中的物理磁盘。

（3）逻辑卷

- 逻辑卷建立在卷组之上，是从卷组中"切出"的一块空间。
- 逻辑卷创建之后，其大小可以伸缩。
- LVM 的逻辑卷类似于非 LVM 系统中的硬盘分区，在逻辑卷之上可以建立文件系统（如 /home 或 /usr 等）。

（4）物理区域（Physical Extent，PE）

- 每一个物理卷被划分为的基本单元称为物理区域，即 PE，具有唯一编号的 PE 是可以被 LVM 寻址的最小存储单元。
- PE 的大小可根据实际情况在创建物理卷时指定，默认为 4MB。
- PE 的大小一旦确定将不能改变，同一个卷组中所有物理卷的 PE 大小一致。

（5）逻辑区域（Logical Extent，LE）

- 逻辑区域是逻辑卷中可用于分配的最小存储单元。
- 在同一个卷组中，LE 的大小和 PE 是相同的，并且一一对应。

上面提到的物理区域和逻辑区域的概念容易混淆，物理区域是物理卷中可用于分配的最小存储单元，其大小可根据实际情况在建立物理卷时由管理员指定，默认为 4MB。物理区域大小一旦确定将不能更改，同一卷组中的所有物理卷的物理区域大小需要保持一致。逻辑区域的大小取决于逻辑卷所在卷组中的物理区域的大小。在同一个卷组中，逻辑区域的大小和物理区域的大小是相同的，并且一一对应。

和非 LVM 系统将包含分区信息的元数据保存在位于分区的起始位置的分区表中一样，逻辑卷及卷组相关的元数据也保存在位于物理卷起始处的卷组描述符区域（Volume Group Descriptor Area，VGDA）中。VGDA 包括以下内容：PV 描述符、VG 描述符、LV 描述符和一些 PE 描述符。图 6-17 描述了 PV、VG、LV、PE 之间的关系。

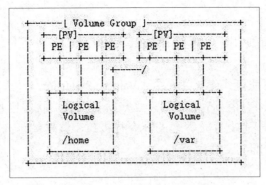

◎ 图 6-17　PV-VG-LV-PE 关系图

3. LVM 与文件系统之间的关系

图 6-18 描述了 LVM 与文件系统之间的关系。

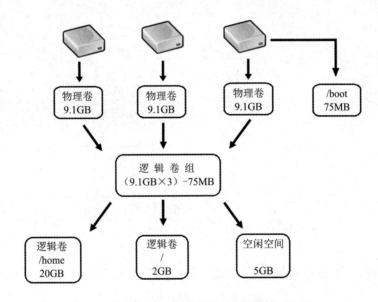

◎ 图 6-18　LVM 与文件系统之间的关系图

在图 6-18 中，/boot 分区不能位于卷组中，因为引导装载程序无法从逻辑卷中读取。如果想把分区放在逻辑卷上，必须创建一个与卷组分离的 /boot 分区。

4. PV-VG-LV 的含义及设备名

PV-VG-LV 的含义及设备名如表 6-4 所示。

表 6-4　PV-VG-LV 的含义及设备名

	含义	设备名
PV	物理卷：磁盘或分区	/dev/sda?
VG	卷组：一组磁盘和 / 或分区	/dev/<VG name>/(目录)
LV	逻辑卷：LVM 分区	/dev/<VG name>/<LV name>

5. Linux 操作系统下的 LVM

CentOS 从版本 4 开始使用新一代的 LVM2。LVM2 比 LVM 提供了更多的功能：

- 在线调整卷的大小。
- 允许以可读和可写的模式建立卷快照（Volume Snapshot）。

CentOS 实现 LVM 的软件包名为 lvm2，且被默认安装。软件包 lvm2 中提供了一系列的 LVM 工具，其中 lvm 是一个交互式管理的命令行接口，该软件包同时提供了非交互的管理命令。表 6-5 列出了常用的非交互命令。

表 6–5　LVM 常用的非交互命令

任务	PV	VG	LV
创建	pvcreate	vgcreate	lvcreate
删除	pvremove	vgremove	lvremove
扫描列表	pvscan	vgscan	lvscan
显示属性	pvdisplay	vgdisplay	lvdisplay
扩展		vgextend	lvextend
缩减		vgreduce	lvreduce
显示信息	pvs	vgs	lvs
改变属性	pvchange	vgchange	lvchange
重命名		vgrename	lvrename
改变容量	pvresize		lvresize
检查一致性	pvck	vgck	

6.2.2　管理 LVM

1. 创建卷

表 6-6 中列出了创建卷（物理卷、卷组、逻辑卷）的 LVM 命令。

表 6–6　创建卷的 LVM 命令

功能	命令	说明
创建物理卷	pvcreate < 磁盘或分区设备名 >	创建物理卷的分区类型应为 8e
创建卷组	vgcreate < 卷组名 >< 物理卷设备名 >[...]	将若干物理卷添加到卷组中
创建逻辑卷	lvcreate <-L 逻辑卷大小 ><-n 逻辑卷名 >< 卷组名 > lvcreate <-l PE 值 ><-n 逻辑卷名 >< 卷组名 >	指定逻辑卷大小时可以使用的单位有 k/K、m/M、g/G、t/T。默认为 M

在创建逻辑卷时可以使用选项 <-l PE 值 > 指定逻辑卷的大小。PE 值可以通过执行 vgdisplay|grep "Free PE" 命令获得。

下面通过一个示例来了解如何创建物理卷。

先给 CentOS 系统添加一块 60GB 大小的 SCSI 接口的硬盘，添加过程参见 6.1.2 节中的示例。然后查看硬盘信息，如图 6-19 所示。

```
[root@localhost ~]# fdisk -l
Disk /dev/sda: 60 GiB, 64424509440 字节, 125829120 个扇区
磁盘型号: VMware Virtual S
单元: 扇区 / 1 * 512 = 512 字节
扇区大小(逻辑/物理): 512 字节 / 512 字节
I/O 大小(最小/最佳): 512 字节 / 512 字节
磁盘标签类型: dos
磁盘标识符: 0x5aa2822b

设备        启动       起点        末尾        扇区     大小 Id 类型
/dev/sda1              2048    41945087    41943040   20G 83 Linux
/dev/sda2          41945088   125829119    83884032   40G  5 扩展
/dev/sda5          41947136    83890175    41943040   20G 83 Linux
/dev/sda6          83892224   125829119    41936896   20G 83 Linux


Disk /dev/sdc: 60 GiB, 64424509440 字节, 125829120 个扇区
磁盘型号: VMware Virtual S
单元: 扇区 / 1 * 512 = 512 字节
扇区大小(逻辑/物理): 512 字节 / 512 字节
I/O 大小(最小/最佳): 512 字节 / 512 字节
```

◎ 图 6-19　查看磁盘信息

使用 fdisk 命令在磁盘 sdc 上创建两个分区 sdc1、sdc2，大小均为 5GB，操作过程参见 6.1.2
节中的示例。使用 fdisk -l 命令查看分区信息，如图 6-20 所示。

```
Disk /dev/sdc: 60 GiB, 64424509440 字节, 125829120 个扇区
磁盘型号: VMware Virtual S
单元: 扇区 / 1 * 512 = 512 字节
扇区大小(逻辑/物理): 512 字节 / 512 字节
I/O 大小(最小/最佳): 512 字节 / 512 字节
磁盘标签类型: dos
磁盘标识符: 0xdf7b2521

设备        启动       起点        末尾        扇区     大小 Id 类型
/dev/sdc1             2048    10487807    10485760    5G 83 Linux
/dev/sdc2         10487808    20973567    10485760    5G 83 Linux
```

◎ 图 6-20　查看分区信息

也可以使用 lsblk 命令查看磁盘分区信息，如图 6-21 所示。

```
[root@localhost ~]# lsblk
NAME              MAJ:MIN RM   SIZE RO TYPE MOUNTPOINTS
sda                   8:0   0  100G  0 disk
├─sda1                8:1   0    1G  0 part /boot
└─sda2                8:2   0   99G  0 part
  ├─cs_bogon-root   253:0   0 63.9G  0 lvm  /
  ├─cs_bogon-swap   253:1   0  3.9G  0 lvm  [SWAP]
  └─cs_bogon-home   253:2   0 31.2G  0 lvm  /home
sdb                  8:16   0   60G  0 disk
├─sdb1               8:17   0   20G  0 part
├─sdb2               8:18   0    1K  0 part
├─sdb5               8:21   0   20G  0 part
└─sdb6               8:22   0   20G  0 part
sdc                  8:32   0   60G  0 disk
├─sdc1               8:33   0    5G  0 part
└─sdc2               8:34   0    5G  0 part
sr0                 11:0    1  7.8G  0 rom
[root@localhost ~]#
```

◎ 图 6-21　查看磁盘分区信息

从图 6-20 和图 6-21 均可以看到，此时系统中有两个磁盘分区 sdc1 和 sdc2，大小均为
5GB。下面使用 pvcreate 命令创建两个物理卷，如图 6-22 所示。

```
[root@localhost ~]# pvcreate /dev/sdc1 /dev/sdc2
  Physical volume "/dev/sdc1" successfully created.
  Physical volume "/dev/sdc2" successfully created.
[root@localhost ~]#
```

◎ 图 6-22　创建物理卷

使用已创建的两个物理卷创建名为 data 的卷组，如图 6-23 所示。

```
[root@localhost ~]# vgcreate data /dev/sdc1 /dev/sdc2
  Volume group "data" successfully created
[root@localhost ~]# vgs
  VG        #PV #LV #SN Attr   VSize    VFree
  cs_bogon    1   3   0 wz--n- <99.00g     0
  data        2   0   0 wz--n-   9.99g 9.99g
[root@localhost ~]#
```

◎ 图 6-23　创建卷组

在 data 卷组中创建名称为 www、大小为 2GB 的逻辑卷，再创建一个名称为 code、大小为 3GB 的逻辑卷，如图 6-24 所示。

```
[root@localhost ~]# lvcreate -L 2G -n www data
  Logical volume "www" created.
[root@localhost ~]# lvcreate -L 3G -n code data
  Logical volume "code" created.
[root@localhost ~]# lvs
  LV   VG       Attr       LSize  Pool Origin Data%  Meta%  Move Log Cpy%Sync Convert
  home cs_bogon -wi-ao---- 31.19g
  root cs_bogon -wi-ao---- 63.88g
  swap cs_bogon -wi-ao----  3.92g
  code data     -wi-a-----  3.00g
  www  data     -wi-a-----  2.00g
[root@localhost ~]#
```

◎ 图 6-24　创建逻辑卷

2. 查看卷

表 6-7 中列出了查看卷（物理卷、卷组、逻辑卷）信息的 LVM 命令。

表 6-7　查看卷信息的 LVM 命令

功能	命令	说明
查看物理卷	pvdisplay [< 物理卷设备名 >]	省略设备名将显示所有物理卷
查看卷组	vgdisplay [< 卷组名 >]	省略设备名将显示所有卷组
查看逻辑卷	lvdisplay [< 逻辑卷设备名 >]	省略设备名将显示所有逻辑卷

3. 调整卷

表 6-8 中列出了调整（扩展、缩减）卷（卷组、逻辑卷）的 LVM 命令。

表 6-8　调整卷的 LVM 命令

功能	命令	说明
扩展卷组	vgextend < 卷组名 >< 物理卷设备名 >[...]	将指定的物理卷添加到卷组中
缩减卷组	vgreduce < 卷组名 >< 物理卷设备名 >[...]	将指定的物理卷从卷组中移除
扩展逻辑卷	lvextend <-L + 逻辑卷增量 >< 逻辑卷设备名称 > lvextend <-l +PE 值 >< 逻辑卷设备名称 >	扩展逻辑卷之后才能扩展逻辑卷上的文件系统的大小
缩减逻辑卷	lvreduce <-L - 逻辑卷增量 >< 逻辑卷设备名称 > lvreduce <-l -PE 值 >< 逻辑卷设备名称 >	缩减逻辑卷之前一定要先缩减逻辑卷上的文件系统的大小

4. 扩展逻辑卷示例

使用逻辑卷的优点之一是可以方便调整卷的大小，前面的示例中创建了一个 data 卷组中的逻辑卷 www，大小为 2GB，现在想将这个逻辑卷的大小扩展到 20GB，也就是将其扩展 18GB，下面给出实现的思路。

①首先查看当前的 data 卷组的剩余空间是否大于 18GB。

②若当前的 data 卷组的剩余空间大于 18GB，则：

• 将 data 卷组中的 www 逻辑卷扩展 18GB。

• 对 www 逻辑卷上的文件系统进行容量扩展。

③若当前的 data 卷组的剩余空间小于 18GB，则：

• 在系统中添加新硬盘并创建分区类型为 LVM 的分区。

• 在新硬盘上创建物理卷。

• 将新创建的物理卷扩展到 data 卷组。

• 将 data 卷组中的 www 逻辑卷扩展 18GB。

• 对 www 逻辑卷上的文件系统进行容量扩展。

下面是具体的操作示例，读者可以对照练习以熟悉相关操作。

```
//1. 首先查看当前 data 卷组的剩余空间是否大于 18GB
# vgs
  VG   #PV #LV #SN Attr   VSize    VFree
  cs    1   3   0 wz--n- <99.00g      0
  data  2   2   0 wz--n-  9.99g   4.99g
// 由于 data 卷组的 VFree 剩余 4.99GB，不足 18GB，需要添加新的磁盘


//2. 添加新的磁盘分区 sdc3，大小为 20GB
# fdisk -l /dev/sdc
Disk /dev/sdc：60 GiB，64424509440 字节，125829120 个扇区
磁盘型号：VMware Virtual S
单元：扇区 / 1 * 512 = 512 字节
扇区大小 ( 逻辑 / 物理 )：512 字节 / 512 字节
I/O 大小 ( 最小 / 最佳 )：512 字节 / 512 字节
磁盘标签类型：dos
磁盘标识符：0x1f12a002


设备       启动   起点      末尾       扇区 大小 Id 类型
/dev/sdc1        2048    10487807  10485760   5G 83 Linux
/dev/sdc2        10487808 20973567 10485760   5G 83 Linux
/dev/sdc3        20973568 62916607 41943040  20G 83 Linux


//3. 创建物理卷 sdc3
# pvcreate /dev/sdc3
  Physical volume "/dev/sdc3" successfully created.
```

//4. 扩展已经存在的 data 卷组

```
# vgextend data /dev/sdc3
  Volume group "data" successfully extended
# vgdisplay data
  --- Volume group ---
  VG Name                data
  System ID
  Format                 lvm2
  Metadata Areas         3
  Metadata Sequence No   4
  VG Access              read/write
  VG Status              resizable
  MAX LV                 0
  Cur LV                 2
  Open LV                0
  Max PV                 0
  Cur PV                 3
  Act PV                 3
  VG Size                <29.99 GiB
  PE Size                4.00 MiB
  Total PE               7677
  Alloc PE / Size        1280 / 5.00 GiB
  Free  PE / Size        6397 / <24.99 GiB
  VG UUID                C4iknM-2jZh-CUcQ-hhbq-Db30-oNXf-c0zIDJ
# vgs
  VG     #PV   #LV   #SN Attr     VSize     VFree
  cs      1     3     0  wz--n-   <99.00g      0
  data    3     2     0  wz--n-   <29.99g   <24.99g
```

// 此时 data 卷组的剩余空间为 24.99GB，可以为 www 逻辑卷扩展 18GB

//5. 扩展 www 逻辑卷

```
# lvextend -L +18G /dev/data/www
  Size of logical volume data/www changed from 2.00 GiB (512 extents) to 20.00 GiB (5120 extents).
  Logical volume data/www successfully resized.
# lvs
  LV     VG    Attr       LSize  Pool Origin Data%  Meta%  Move Log Cpy%Sync Convert
  home   cs    -wi-ao---- 31.19g
  root   cs    -wi-ao---- 63.88g
  swap   cs    -wi-ao----  3.92g
  code   data  -wi-a-----  3.00g
  www    data  -wi-a----- 20.00g
```

// 此时 www 逻辑卷的大小扩展到 20GB

6.3　文件系统管理

6.3.1　创建和挂载文件系统

文件系统是操作系统用于明确存储设备或分区上的文件的方法和数据结构，即在存储设备上组织文件的方法。操作系统中负责管理和存储文件信息的软件机构称为文件管理系统，简称文件系统。

文件系统由三部分组成：文件系统的接口、操纵和管理对象的软件集合、对象及属性。从系统角度来看，文件系统是对文件存储设备的空间进行组织和分配，负责文件存储并对存入的文件进行保护和检索的系统。具体地说，它负责为用户建立文件，存入、读出、修改、转储文件，控制文件的存取，当用户不再使用时撤销文件等。文件系统是软件系统的一部分，它的存在使得应用可以方便地使用抽象命名的数据对象和大小可变的空间。

1. 创建文件系统

创建文件系统命令的语法格式如下：

#mkfs.ext4 < 设备名 >

#mkfs.xfs < 设备名 >

下面通过几个示例来演示一下创建文件系统的操作。

```
// 在分区 sdb1 上创建 ext4 类型的文件系统
# mkfs.ext4 /dev/sdb1
mke2fs 1.46.5 (30-Dec-2021)
创建含有 5242880 个块（每块 4k）和 1310720 个 inode 的文件系统
文件系统 UUID：bd7f83e7-d56d-49ce-ae1a-b1c7d4b68b77
超级块的备份存储于下列块：
        32768, 98304, 163840, 229376, 294912, 819200, 884736, 1605632, 2654208,
        4096000

正在分配组表：完成
正在写入 inode 表：完成
创建日志（32768 个块）完成
写入超级块和文件系统账户统计信息：已完成

// 对 data 卷组的 www 逻辑卷创建 ext4 类型的文件系统
# mkfs.ext4 /dev/data/www
mke2fs 1.46.5 (30-Dec-2021)
创建含有 5242880 个块（每块 4k）和 1310720 个 inode 的文件系统
文件系统 UUID：d11676dc-24ef-4c7d-a2bc-3d608fa2084c
超级块的备份存储于下列块：
        32768, 98304, 163840, 229376, 294912, 819200, 884736, 1605632, 2654208,
        4096000
```

正在分配组表：完成
正在写入 inode 表：完成
创建日志（32768 个块）完成
写入超级块和文件系统账户统计信息：已完成

```
// 对 data 卷组的 code 逻辑卷创建 xfs 类型的文件系统
# mkfs.xfs /dev/data/code
```

meta-data=/dev/data/code		isize=512	agcount=4, agsize=196608 blks
	=	sectsz=512	attr=2, projid32bit=1
	=	crc=1	finobt=1, sparse=1, rmapbt=0
	=	reflink=1	bigtime=1 inobtcount=1
data	=	bsize=4096	blocks=786432, imaxpct=25
	=	sunit=0	swidth=0 blks
naming	=version 2	bsize=4096	ascii-ci=0, ftype=1
log	=internal log	bsize=4096	blocks=2560, version=2
	=	sectsz=512	sunit=0 blks, lazy-count=1
realtime	=none	extsz=4096	blocks=0, rtextents=0

```
// 也可以使用 mkfs-t <fstype> 命令创建各种类型的文件系统
// 在 sdb5 分区创建 ext3 类型的文件系统
# mkfs -t ext3 /dev/sdb5
mke2fs 1.46.5 (30-Dec-2021)
```

创建含有 5242880 个块（每块 4k）和 1310720 个 inode 的文件系统
文件系统 UUID：9eaffd32-5a6e-4e6a-bf32-41a2e12a87fd
超级块的备份存储于下列块：
  32768, 98304, 163840, 229376, 294912, 819200, 884736, 1605632, 2654208,
  4096000

正在分配组表：完成
正在写入 inode 表：完成
创建日志（32768 个块）完成
写入超级块和文件系统账户统计信息：已完成

```
// 在 sdb6 分区创建 FAT32 类型的文件系统
# mkfs -t vfat /dev/sdb6
mkfs.fat 4.2 (2021-01-31)
```

2. 使用 mount 命令挂载文件系统

  在磁盘分区或逻辑卷上创建了文件系统后，还需要把新建立的文件系统挂载到系统上才能使用。Linux 操作系统中所有的文件系统组成一个目录树，挂载就是将文件系统连接到 Liunx 操作系统目录树下的某一个目录。挂载的命令是 mount，使用 mount 命令可以灵活地挂载系统可识别的所有文件系统。

  mount 命令的语法格式如下。

- 格式 1：#mount [-t < 文件系统类型 >] [-o < 挂载选项 >] < 设备名 > < 挂载点 >

- 格式 2：#mount [-o＜挂载选项＞]＜设备名＞或＜挂载点＞
- 格式 3：#mount -a [-t＜文件系统类型＞] [-o＜挂载选项＞]

（1）格式 1：用于挂载 /etc/fstab 中未列出的文件系统

- 使用 -t 选项可以指定文件系统类型。
- 如果 -t 选项省略，mount 命令将依次试探 /proc/filesystems 中不包含 nodev 的行。
- 必须同时指定＜设备名＞和＜挂载点＞。

（2）格式 2：用于挂载 /etc/fstab 中已列出的文件系统

- 选项使用＜设备名＞或＜挂载点＞之一即可。
- 若 -o 选项省略，则使用 /etc/fstab 中该文件系统的挂载选项。

（3）格式 3：用于挂载 /etc/fstab 中所有不包含 noauto（非自动挂载）挂载选项的文件系统

- -t：若指定此选项，则只挂载 /etc/fstab 中指定类型的文件系统。
- -o：用于挂载 /etc/fstab 中包含指定挂载选项的文件系统。
- 若同时指定 -t 和 -o 选项，则为"或者"的关系。

挂载点目录是文件系统中的一个目录，必须把文件系统挂载到目录树中的某个目录中。挂载点目录在实施挂载操作之前必须存在，若其不存在可以使用 mkdir 命令创建。挂载点目录必须是空的，否则目录中原有的文件将被系统隐藏。

设备名也可以使用文件系统的 LABLE 或 UUID 来指定，即设备名可以用 LABEL=<label> (-L <label>) 或 UUID=<uuid> (-U <uuid>) 替换。

下面是使用 mount 命令挂载文件系统的示例，读者可以体会一下具体用法。

```
# mkdir /backup
# mount -t ext3 /dev/sdb5 /backup
// 也可以使用 UUID 来指定设备
# umount /dev/sdb5
# blkid /dev/sdb5
/dev/sdb5: UUID="9eaffd32-5a6e-4e6a-bf32-41a2e12a87fd" SEC_TYPE="ext2" BLOCK_SIZE="4096"
TYPE="ext3" PARTUUID="98ff2551-05"
# mount -t ext3 -U "9eaffd32-5a6e-4e6a-bf32-41a2e12a87fd" /backup
// 将文件系统为 ext4 的逻辑卷 /dev/data/www 挂载到 /home。因为 /home 为系统目录，当前其下有文件，
// 如果将 /dev/data/www 挂载到 /home 下，则其下的文件（目录）将被隐藏，所以不建议这样挂载
# ls /home
andy  libin  wangqian
[root@localhost /]# mount /dev/data/www /home
[root@localhost /]# ls /home
lost+found
// 卸载掉挂载设备后，原来的文件可以被查看
[root@localhost /]# umount /home
[root@localhost /]# ls /home
andy  libin  wangqian
```

下面的示例用于将光盘 ISO 文件挂载到 /media。

首先查看一下虚拟机中的光驱状态，如图 6-25 所示。可以看到，CentOS 系统的安装盘现在正放在光驱中。

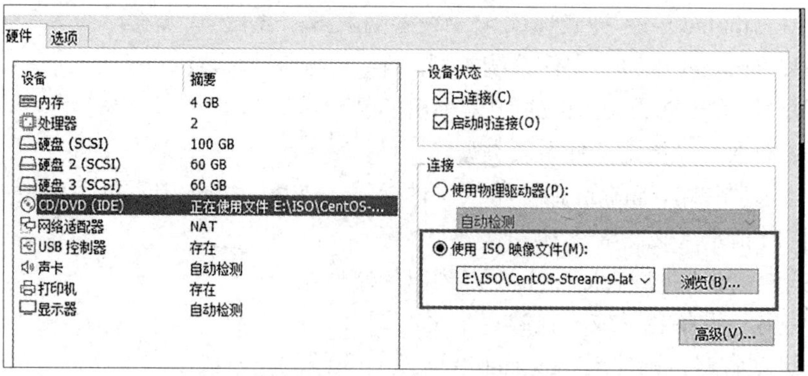

◎ 图 6-25 查看光驱状态

执行如下命令实现光盘 ISO 文件的挂载。

```
# mount -t iso9660 /dev/cdrom /media
mount: /media: WARNING: source write-protected, mounted read-only.
# ls /media
AppStream  BaseOS  EFI  EULA  extra_files.json  images  isolinux  LICENSE  media.repo  TRANS.TBL
```

可以使用 findmnt 命令显示当前已经挂载的文件系统，如图 6-26 所示。

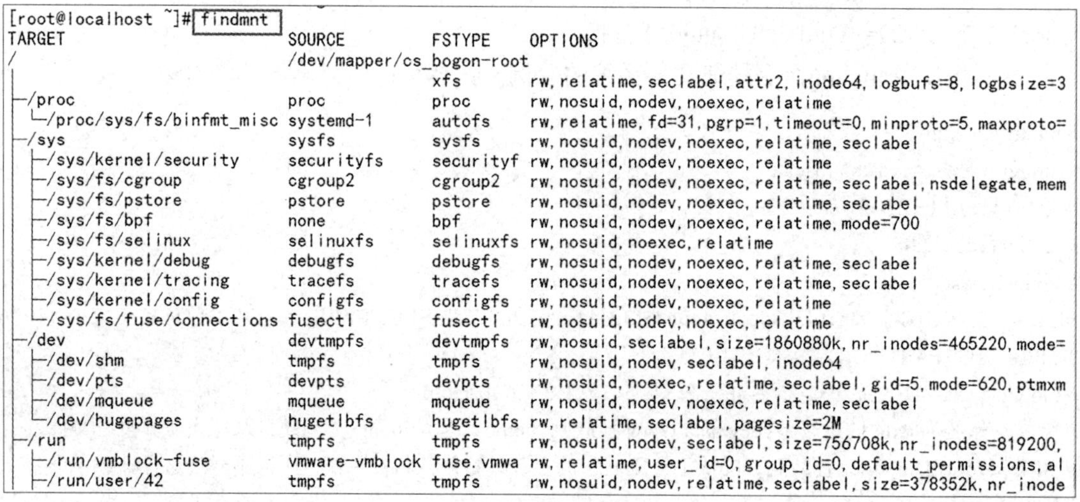

```
[root@localhost ~]# findmnt
TARGET                        SOURCE          FSTYPE     OPTIONS
/                             /dev/mapper/cs_bogon-root
                                              xfs        rw,relatime,seclabel,attr2,inode64,logbufs=8,logbsize=3
├─/proc                       proc            proc       rw,nosuid,nodev,noexec,relatime
│ └─/proc/sys/fs/binfmt_misc  systemd-1       autofs     rw,relatime,fd=31,pgrp=1,timeout=0,minproto=5,maxproto=
├─/sys                        sysfs           sysfs      rw,nosuid,nodev,noexec,relatime,seclabel
│ ├─/sys/kernel/security      securityfs      securityf  rw,nosuid,nodev,noexec,relatime
│ ├─/sys/fs/cgroup            cgroup2         cgroup2    rw,nosuid,nodev,noexec,relatime,seclabel,nsdelegate,mem
│ ├─/sys/fs/pstore            pstore          pstore     rw,nosuid,nodev,noexec,relatime,seclabel
│ ├─/sys/fs/bpf               none            bpf        rw,nosuid,nodev,noexec,relatime,mode=700
│ ├─/sys/fs/selinux           selinuxfs       selinuxfs  rw,nosuid,noexec,relatime
│ ├─/sys/kernel/debug         debugfs         debugfs    rw,nosuid,nodev,noexec,relatime,seclabel
│ ├─/sys/kernel/tracing       tracefs         tracefs    rw,nosuid,nodev,noexec,relatime,seclabel
│ ├─/sys/kernel/config        configfs        configfs   rw,nosuid,nodev,noexec,relatime
│ └─/sys/fs/fuse/connections  fusectl         fusectl    rw,nosuid,nodev,noexec,relatime
├─/dev                        devtmpfs        devtmpfs   rw,nosuid,seclabel,size=1860880k,nr_inodes=465220,mode=
│ ├─/dev/shm                  tmpfs           tmpfs      rw,nosuid,nodev,seclabel,inode64
│ ├─/dev/pts                  devpts          devpts     rw,nosuid,noexec,relatime,seclabel,gid=5,mode=620,ptmxm
│ ├─/dev/mqueue               mqueue          mqueue     rw,nosuid,nodev,noexec,relatime,seclabel
│ └─/dev/hugepages            hugetlbfs       hugetlbfs  rw,relatime,seclabel,pagesize=2M
├─/run                        tmpfs           tmpfs      rw,nosuid,nodev,seclabel,size=756708k,nr_inodes=819200,
│ ├─/run/vmblock-fuse         vmware-vmblock  fuse.vmwa  rw,relatime,user_id=0,group_id=0,default_permissions,al
│ ├─/run/user/42              tmpfs           tmpfs      rw,nosuid,nodev,relatime,seclabel,size=378352k,nr_inode
```

◎ 图 6-26 查看系统的挂载情况

3. 使用 umount 命令卸载文件系统

文件系统可以被挂载，自然也可以被卸载。卸载文件系统的命令是 umount，该命令可以把文件系统从 Linux 操作系统中的挂载点分离。卸载一个文件系统时，需要指定要卸载的文件系统的目录名（挂载点）或设备名。

umount 命令的语法格式如下。

#umount < 设备名或挂载点 >

示例：

```
#umount /dev/sdb5
#umount /media
```

如果一个文件系统处于 busy 状态，则不能进行卸载。出现以下情况时会导致文件系统处于 busy 状态：

- 文件系统上面有打开的文件。
- 某个进程的工作目录在此文件系统上。
- 文件系统上面的缓存文件正在被使用。

4. fuser 命令

fuser 命令可以根据文件（目录、设备）查找使用它的进程，同时也提供了杀死这些进程的方法。

（1）查看挂载点有哪些进程需要杀掉

查看挂载点有哪些进程需要杀掉的命令的语法格式如下。

#fuser -cu /mount_point

示例：

```
# cd /media
# fuser -cu /media
/media:          2097c(root)
```

（2）杀死挂载点的这些进程

杀死挂载点进程的命令的语法格式如下。

#fuser -ck /mount_point

示例：

```
# fuser -ck /media
/media:          2097c
已杀死
```

5. 在系统启动时自动挂载文件系统

使用 mount 命令手动挂载的文件系统在关机时会被自动卸载，而且系统再次启动后不会被自动挂载。要在启动时自动挂载文件系统必须修改系统挂载表配置文件 /etc/fstab。系统启动所要挂载的文件系统、挂载点、文件系统类型等都记录在 /etc/fstab 文件中，其内容如图 6-27所示。

```
#
# /etc/fstab
# Created by anaconda on Mon Mar 20 11:45:06 2023
#
# Accessible filesystems, by reference, are maintained under '/dev/disk/'.
# See man pages fstab(5), findfs(8), mount(8) and/or blkid(8) for more info.
#
# After editing this file, run 'systemctl daemon-reload' to update systemd
# units generated from this file.
#
/dev/mapper/cs_bogon-root /                       xfs     defaults        0 0
UUID=aeca995f-50d2-43f0-94b5-3be66ee289ec /boot             xfs     defaults        0 0
/dev/mapper/cs_bogon-home /home                   xfs     defaults        0 0
/dev/mapper/cs_bogon-swap none                    swap    defaults        0 0
~
```

◎ 图 6-27 /etc/fstab 文件内容

/etc/fstab 文件每一行书写一个文件系统的挂载情况，以 # 开头的行为注释行。文件中每一列的说明如表 6-9 所示。

Linux 基础与应用实践

表 6-9　/etc/fstab 文件栏位说明

栏位	说明
file system	要挂载的设备,可以使用设备名,也可以使用 UUID 或 LABEL 来指定
mount point	挂载点目录
type	挂载的文件系统类型
options	挂载选项。挂载设备时可以设置多个选项,不同选项间用逗号隔开
dump	使用 dump 命令备份文件系统的频率,空白或者值为 0 时,系统认为不需要备份
pass	开机时 fsck 命令会自动检查文件系统,pass 规定了检查的顺序。挂载至分区的文件系统,此栏位应是 1,其余是 2,0 表示不需要检查

示例:要实现在系统启动过程中将分区 /dev/sdb5 上的 ext3 类型的文件系统挂载到 /backup 目录,将逻辑卷 /dev/data/code 上的 xfs 类型的文件系统挂载到 /code 目录,将逻辑卷 /dev/data/www 上的 ext4 类型的文件系统挂载到 /www 目录,可以在 /etc/fstab 文件中添加如下内容:

```
/dev/sdb5        /backup    ext3    defaults    0    2
/dev/data/code   /code      xfs     defaults    0    1
/dev/data/www    /www       ext4    defaults    0    1
```

修改 /etc/fstab 文件后,系统启动时会自动挂载这些文件系统,如果不重启系统,执行 mount -a 命令也可以使挂载生效。

6.3.2　磁盘配额管理

1. 磁盘配额简介

在一个有很多用户的系统上,必须限制每个用户的磁盘使用空间,以免个别用户占用过多的磁盘空间而影响系统运行和其他用户的使用。限制用户的磁盘使用空间就是给用户分配磁盘配额(quota),用户只能使用额定的磁盘使用空间,超过之后就不能再存储文件。

磁盘配额是系统管理员用来监控和限制用户或组对磁盘使用的工具。磁盘配额可以从两方面限制:其一,限制用户或组可以拥有的 inode 数(文件数);其二,限制分配给用户或组的磁盘块的数据(以千字节为单位的磁盘空间)。

另外,设置磁盘配额还涉及如下与限制策略相关的三个概念。
- 硬限制:超过此设定值后不能继续存储新的文件。
- 软限制:超过此设定值后仍旧可以继续存储新的文件,同时系统发出警告信息,建议用户清理自己的文件,释放出更多的空间。
- 宽限期:超过软限制多长时间之内(默认为 7 天)可以继续存储新的文件。

磁盘配额针对的是每一个使用者、每一个文件系统。如果使用者可以在一个以上的文件系统上建立文件,那么必须在每个文件系统上分别设定磁盘配额。

2. CentOS 下的磁盘配额支持

磁盘配额由 Linux 的内核支持,CentOS 提供 vfsold(v1)、vssv0(v2)和 xfs 共三种不

同的磁盘配额支持。对于 ext3/4 文件系统，磁盘配额的配置和查看工具由 quota 软件包提供。quota 软件包提供了表 6-10 所示的常用磁盘配额管理工具。对于 xfs 文件系统，磁盘配额的配置和查看工具由 xfsprogs 软件包的 xfs_quota 提供。

表 6-10　quota 提供的常用磁盘配额管理工具

工具	说明
quota	查看磁盘的使用和配额
repquota	显示文件系统的磁盘配额汇总信息
quotacheck	从 /etc/mtab 中扫描支持配额的文件系统，生成、检查、修复配额文件
edquota	使用编辑器编辑用户或组的配额
setquota	使用命令行设置用户或组的配额
quotaon	启用文件系统的磁盘配额
quotaoff	停用文件系统的磁盘配额
convertquota	转换旧版的磁盘配额文件为新版格式
quotastats	显示内核的配额统计信息

3. 配置磁盘配额

在 CentOS 下配置磁盘配额需要经过表 6-11 所示的步骤。

表 6-11　磁盘配额的配置步骤

配置步骤	ext3/4 文件系统	xfs 文件系统
编辑 /etc/fstab 文件	usrquota	uquota
启用文件系统的 quota 挂载选项	grpquota	gquota
创建 quota 数据库文件并启用 quota	quotacheck -cmvug < 文件系统 > quota -avug	xfs 文件系统的 quota 结构信息包含在元数据和日志中，无须此步骤
设置 quota	使用 setquota 或 edquota 配置	使用 xfs_quota 配置

表 6-12 中列出了使用 setquota 命令设置磁盘配额的方法。

表 6-12　使用 setquota 命令设置磁盘配额

功能	命令
为指定用户设置配额	setquota [-u] < 用户名 >< 块软限制 块硬限制 inode 软限制 inode 硬限制 ><-a 文件系统 >
为指定组设置配额	setquota -g < 组名 >< 块软限制 块硬限制 inode 软限制 inode 硬限制 ><-a 文件系统 >
将参考用户的配额设置复制给待设置的新用户	setquota [-u] -p < 参考用户 >< 新用户 ><-a 文件系统 >
将参考组的配额设置复制给待设置的新组	setquota -g -p < 参考组 >< 新组 ><-a 文件系统 >
为指定用户设置配额宽限期	setquota -t [-u] < 块宽限期 inode 宽限期 ><-a 文件系统 >
为指定组设置配额宽限期	setquota -t -g < 块宽限期 inode 宽限期 ><-a 文件系统 >

表 6-13 中列出了使用 xfs_quota 命令设置磁盘配额的方法。

表 6-13　使用 xfs_quota 命令设置磁盘配额

功能	命令
为指定用户设置配额	xfs_quota -x -c 'limit -u bsoft=N bhard=N isoft=N ihard=N <用户名 >' < 文件系统 >
为指定组设置配额	xfs_quota -x -c 'limit -g bsoft=N bhard=N isoft=N ihard=N <组名 >' < 文件系统 >
为指定用户设置配额宽限期	xfs_quota –x –c 'timer -u -b <块宽限期 >' < 文件系统 > xfs_quota –x –c 'timer -u -b <inode 宽限期 >' < 文件系统 >
为指定组设置配额宽限期	xfs_quota –x –c 'timer -g -b <块宽限期 >' < 文件系统 > xfs_quota –x –c 'timer -g -b <inode 宽限期 >' < 文件系统 >

表 6-14 中列出了查看磁盘配额信息的命令的使用方法。

表 6-14　查看磁盘配额的命令的使用方法

功能	ext3/4 文件系统	xfs 文件系统
查看指定用户的配额	quota -uv < 用户名 >	xfs_quota -c 'quota -bi -uv < 用户名 >'< 文件系统 >
查看指定组的配额	quota -gv < 组名 >	xfs_quota -c 'quota -bi -gv < 组名 >'< 文件系统 >
显示所有文件系统的磁盘配额汇总信息	repquota -a repquota -au repquota -ag	xfs_quota -x -c 'report -a' xfs_quota -x -c 'report -u -a' xfs_quota -x -c 'report -g -a'
显示指定文件系统的磁盘配额汇总信息	repquota < 文件系统 > repquota -u < 文件系统 > repquota -g < 文件系统 >	xfs_quota -x -c report < 文件系统 > xfs_quota -x -c 'report –u' < 文件系统 > xfs_quota -x -c 'report –g' < 文件系统 >

实验：为用户分配磁盘配额

实验目标

- 了解设置磁盘配额的作用
- 了解磁盘配额的规划
- 掌握磁盘配额的分配

实验任务描述

　　服务器系统中存储的资源是十分重要和宝贵的，合理有效的磁盘管理可以让系统安全稳定地运行，无序不合理的磁盘应用可能会造成系统崩溃、数据丢失的严重后果。使用磁盘配额技术可以有效地对用户存储资源进行管理，本实验就来学习如何对用户进行磁盘配额分配。

实验环境要求

- Windows 桌面操作系统（建议使用 Windows 10）
- CentOS 9 操作系统

实验步骤

第 1 步：规划磁盘配额分配。磁盘配额可以针对组进行设置，也可以针对用户进行设置。公司现有用户分为 4 个组，设置 manager、saler、financer 组的配额为 2GB、developer 组的配额为 5GB、用户 zhangqiang 的配额为 10GB。

具体的磁盘配额规划如表 6-15 所示。

表 6-15　磁盘配额规划表

用户 / 组	软限制	硬限制	宽限期（天）
manager	1GB	2GB	10
saler	1GB	2GB	10
financer	1GB	2GB	10
developer	4GB	5GB	10
zhangqiang	8GB	10GB	15

- 硬限制：如果指定 2GB 作为硬限制，用户将无法在 2GB 之后创建新文件。
- 软限制：如果指定 1GB 作为软限制，一旦达到 1GB 限制，用户将收到"磁盘配额超出"的警告消息。但是，他们仍然可以创建新文件，直到达到硬限制。
- 宽限期：如果指定 10 天作为宽限期，则在用户达到软限制后，他们将被允许额外 10 天来创建新文件。在那个时间段内，他们应该尝试回到配额限制。

第 2 步：根据测算，需要约 100GB 的磁盘空间，为 Linux 操作系统添加一个 100GB 的磁盘。详细操作过程见本任务前面的介绍，添加后结果如图 6-28 所示。

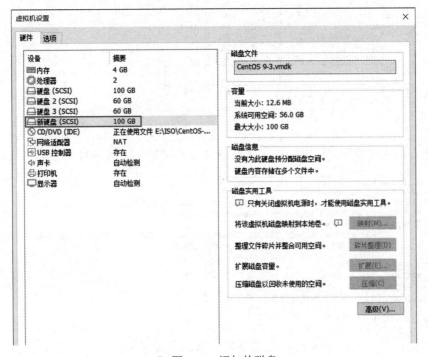

◎ 图 6-28　添加的磁盘

第 3 步：将新添加的磁盘进行分区，操作过程如图 6-29 所示。

```
[root@localhost ~]# fdisk /dev/sdd

欢迎使用 fdisk (util-linux 2.37.2)。
更改将停留在内存中，直到您决定将更改写入磁盘。
使用写入命令前请三思。

设备不包含可识别的分区表。
创建了一个磁盘标识符为 0x2025437b 的新 DOS 磁盘标签。

命令(输入 m 获取帮助)：n
分区类型
   p   主分区 (0 primary, 0 extended, 4 free)
   e   扩展分区 (逻辑分区容器)
选择 (默认 p)：p
分区号 (1-4, 默认 1)：1
第一个扇区 (2048-209715199, 默认 2048)：
最后一个扇区, +/-sectors 或 +size{K,M,G,T,P} (2048-209715199, 默认 209715199)：

创建了一个新分区 1，类型为 Linux"，大小为 100 GiB。

命令(输入 m 获取帮助)：w
分区表已调整。
将调用 ioctl() 来重新读分区表。
正在同步磁盘。

[root@localhost ~]#
```

◎ 图 6-29　磁盘分区

分区后的信息可以使用 lsblk 命令进行查看，显示如图 6-30 所示。

```
[root@localhost ~]# lsblk
NAME              MAJ:MIN RM  SIZE RO TYPE MOUNTPOINTS
sda                   8:0    0  100G  0 disk
├─sda1                8:1    0    1G  0 part /boot
└─sda2                8:2    0   99G  0 part
  ├─cs_bogon-root   253:0    0 63.9G  0 lvm  /
  ├─cs_bogon-swap   253:1    0  3.9G  0 lvm  [SWAP]
  └─cs_bogon-home   253:2    0 31.2G  0 lvm  /home
sdb                  8:16    0   60G  0 disk
├─sdb1              8:17    0   20G  0 part
├─sdb2              8:18    0    1K  0 part
├─sdb5              8:21    0   20G  0 part
└─sdb6              8:22    0   20G  0 part
sdc                  8:32    0   20G  0 disk
├─sdc1              8:33    0    5G  0 part
│ └─data-www       253:3    0    2G  0 lvm
└─sdc2              8:34    0    5G  0 part
  └─data-code      253:4    0    3G  0 lvm
sdd                  8:48    0  100G  0 disk
└─sdd1              8:49    0  100G  0 part
sr0                 11:0    1  7.8G  0 rom
[root@localhost ~]#
```

◎ 图 6-30　查看分区信息

第 4 步：格式化分区。将分区格式化为 ext4 文件类型，如图 6-31 所示。

```
[root@localhost ~]# mkfs.ext4 /dev/sdd1
mke2fs 1.46.5 (30-Dec-2021)
创建含有 26214144 个块（每块 4k）和 6553600 个 inode 的文件系统
文件系统UUID：e93f3a3d-12e2-4d59-b0eb-205f7252634c
超级块的备份存储于下列块：
     32768, 98304, 163840, 229376, 294912, 819200, 884736, 1605632, 2654208,
     4096000, 7962624, 11239424, 20480000, 23887872

正在分配组表： 完成
正在写入 inode 表： 完成
创建日志（131072 个块）完成
写入超级块和文件系统账户统计信息： 已完成

[root@localhost ~]#
```

◎ 图 6-31　格式化分区

第 5 步：将分区挂载，挂载点为 /sharedir，操作过程如图 6-32 所示。

```
[root@localhost ~]# mkdir /sharedir
[root@localhost ~]# mount /dev/sdd1 /sharedir
[root@localhost ~]#
```

◎ 图 6-32　挂载分区

第 6 步：增加 quota 服务，并将文件系统挂载操作写入磁盘分区表，操作过程如图 6-33 所示。

```
[root@localhost ~]# mkdir /sharedir
[root@localhost ~]# mount /dev/sdd1 /sharedir
[root@localhost ~]# mount -o remount,usrquota,grpquota /sharedir
[root@localhost ~]# mount | grep /sharedir
/dev/sdd1 on /sharedir type ext4 (rw,relatime,seclabel,quota,usrquota,grpquota)
[root@localhost ~]# echo "dev/sdd1 /sharedir ext4 defaults,usrquota,grpquota 0 0" >> /etc/fstab
[root@localhost ~]#
```

◎ 图 6-33　增加 quota 服务

第 7 步：扫描文件系统并建立 quota 记录文件，操作过程如图 6-34 所示。

```
[root@localhost ~]# quotacheck -avug
quotacheck: Your kernel probably supports ext4 quota feature but you are using external quota files. Please s
witch your filesystem to use ext4 quota feature as external quota files on ext4 are deprecated.
quotacheck: Scanning /dev/sdd1 [/sharedir] done
quotacheck: Cannot stat old user quota file /sharedir/aquota.user: 没有那个文件或目录. Usage will not be subt
racted.
quotacheck: Cannot stat old group quota file /sharedir/aquota.group: 没有那个文件或目录. Usage will not be su
btracted.
quotacheck: Cannot stat old user quota file /sharedir/aquota.user: 没有那个文件或目录. Usage will not be subt
racted.
quotacheck: Cannot stat old group quota file /sharedir/aquota.group: 没有那个文件或目录. Usage will not be su
btracted.
quotacheck: Checked 3 directories and 0 files
quotacheck: Old file not found.
quotacheck: Old file not found.
[root@localhost ~]# ll /sharedir
总用量 32
-rw-------. 1 root root  6144  3月 20 20:28 aquota.group
-rw-------. 1 root root  6144  3月 20 20:28 aquota.user
drwx------. 2 root root 16384  3月 20 20:23 lost+found
[root@localhost ~]#
```

◎ 图 6-34　扫描文件系统

第 8 步：启动 quota 服务，操作如图 6-35 所示。

```
[root@localhost ~]# quotaon -avug
quotaon: Your kernel probably supports ext4 quota feature but you are using external quota files. Please swit
ch your filesystem to use ext4 quota feature as external quota files on ext4 are deprecated.
/dev/sdd1 [/sharedir]: group quotas turned on
/dev/sdd1 [/sharedir]: user quotas turned on
[root@localhost ~]#
```

◎ 图 6-35　启动 quota 服务

第 9 步：编写组和用户的配额，操作如图 6-36 所示。

```
[root@office /]# edquota -g manager
```

```
Disk quotas for group manager (gid 1001):
  Filesystem          blocks      soft      hard     inodes     soft     hard
  /dev/sdd1                0   1024000             2048000         0        0        0
~
```

（a）为 manager 组设置配额

```
[root@office /]# edquota -g saler
```

```
Disk quotas for group saler (gid 1002):
  Filesystem                blocks       soft       hard      inodes     soft      hard
  /dev/sdd1                      0    1024000    2048000           0        0        0
~
```

（b）为 saler 组设置配额

```
[root@office /]# edquota -g financer
```

```
Disk quotas for group financer (gid 1003):
  Filesystem                blocks       soft       hard      inodes     soft      hard
  /dev/sdd1                      0    1024000    2048000           0        0        0
~
```

（c）为 finacer 组设置配额

```
[root@office /]# edquota -g developer
```

```
Disk quotas for group developer (gid 1004):
  Filesystem                blocks       soft       hard      inodes     soft      hard
  /dev/sdd1                      0    4096000    5120000           0        0        0
~
```

（d）为 developer 组设置配置

```
[root@office /]# edquota -u zhangqiang
```

```
Disk quotas for user zhangqiang (uid 1001):
  Filesystem                blocks       soft       hard      inodes     soft      hard
  /dev/sdd1                      0    8192000    1024000           0        0        0
~
```

（e）为用户 zhangqiang 设置配额

◎ 图 6-36　编写组和用户的配额

第 10 步：设置宽限期，操作如图 6-37 所示。

```
[root@office /]# edquota -t
```

```
Grace period before enforcing soft limits for users:
Time units may be: days, hours, minutes, or seconds
  Filesystem             Block grace period       Inode grace period
  /dev/sdd1                   10days                   7days
~
```

◎ 图 6-37　设置宽限期

第 11 步：查看用户和组的磁盘配额，如图 6-38 所示。

```
[root@localhost ~]# quota -uvs zhangqiang
Disk quotas for user zhangqiang (uid 1001):
    Filesystem     space    quota    limit    grace    files    quota    limit    grace
       /dev/sdd1      0K    8000M    1000M                 0        0        0
[root@localhost ~]# quota -gvs manager
Disk quotas for group manager (gid 1001):
    Filesystem     space    quota    limit    grace    files    quota    limit    grace
       /dev/sdd1      0K    1000M    2000M                 0        0        0
[root@localhost ~]#
```

◎ 图 6-38　查看磁盘配额

第 12 步：如果想关闭磁盘配额，可以使用如下命令。

```
[root@office /]# quotaoff -ug /sharedir
[root@office /]# quotaoff -a
```

任务巩固

1．现在常用的计算机硬盘有哪些类型？分别有什么特点？

2．什么是 LVM？ LVM 与文件系统是什么关系？

3．什么是磁盘配额？为什么要设置磁盘配额？

4．在 Linux 操作系统中挂载一块硬盘，然后为使用这块硬盘的不同用户和组设置磁盘配额。

任务总结

磁盘是计算机系统中非常重要的存储设备，负责长期性地存储数据。合理地规划文件系统可以提升计算机系统应用的效率，方便用户使用，有效地保障数据安全。了解不同类型的磁盘，掌握不同文件系统的作用和特点十分重要。Linux 操作系统是一个多用户系统，如果不能合理分配磁盘的空间，很可能造成数据存储超载，导致数据损坏、系统崩溃等情况发生，通过设置磁盘配额可以有效解决这个问题。

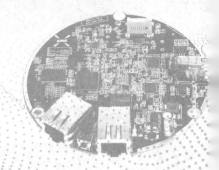

任务七

Web 服务器配置

任务背景及目标

通过前期的准备，小张已经熟练掌握了 Linux 操作系统的安装、用户管理、网络配置、软件安装、磁盘管理等知识，并使用虚拟机安装好了 CentOS 9 操作系统，完成了系统的基础配置。

小张：李工，CentOS 操作系统我已经部署完成了，也掌握了系统的配置和管理方法，接下来我们做什么呢？

老李：小张，你工作很认真，也很努力，这很好。咱们是要搭建一台 Web 服务器供本公司员工来使用，可以发布相关信息，进行资源共享等操作。你对 Web 服务器的功能和特点熟悉吗？

小张：了解一些。Web 服务就是使用浏览器进行访问的服务，主要提供信息服务和文件共享等。而且我听说，现在大部分网络服务都可以通过 Web 方式来实现，比如电子邮件、网络办公等。

老李：是啊，因为 Web 服务采用的是 B/S 架构模式，应用简单，无须安装特定的客户端，所以很受网络用户的喜欢。那你了解 Web 服务器怎么部署吗？

小张：这个还真不太清楚，那我这几天就了解一下 Web 服务器的部署方式，在咱们系统里面搭建一个 Web 网站试试。

老李：好啊，你先搭建一下试试，有什么问题咱们再沟通。

职业能力目标

- 了解 Web 服务器的工作原理
- 掌握 HTTP 的工作原理
- 了解常用的 Web 发布工具
- 掌握 Apache 的配置过程
- 掌握使用 Nginx 发布 Web 服务的方法

● 知识结构 ●

Web服务器配置

知识需求
- 了解WWW服务的作用和组成
- 了解HTTP
- 掌握Apache的作用

技能需求
- 使用Apache配置Web服务器
- 使用Nginx配置Web服务器

7.1　WWW 与 HTTP 简介

7.1.1　WWW 和 Web 服务

1. Web 服务

万维网（World Wide Web，WWW）通常被称为 Web，是因特网提供的一种信息检索技术，发明者是蒂姆·伯纳斯 - 李（Tim Berners-Lee），其最初目的是提供一个统一的接口，使分散于世界各地的科学家能够方便地访问各种形式的信息。

Web 提供一种交互式图形界面的因特网服务，具有强大的信息连接功能，使成千上万的用户通过简单的图形界面就可以访问各个大学、组织、公司等机构和个人的最新信息与各种服务。Web 服务具体有如下特点。

- Web 是图形化的。
- Web 是易于导航的。
- Web 是动态的。
- Web 是交互式的。
- Web 是与平台无关的。
- Web 是分布式的。

2. Web 相关组件

Web 系统由多个相关组件组成，表 7-1 中列出了 Web 相关组件。

表 7-1　Web 相关组件

组件	说明
统一资源标识符（URI）	URI 用有含义的字符串标识因特网上的资源（RFC 3986），其子集统一资源定位符（Uniform Resource Locator，URL）是描述资源在因特网上的位置和访问方法的一种简洁表示，是因特网上标准资源的地址
Web 客户端和 Web 服务器	Web 系统是基于客户端 / 服务器、请求 / 响应模式运作的
超文本传输协议（HTTP）	规定了 Web 客户端和 Web 服务器之间交换信息的格式和方法
Web 缓存和 Web 代理	HTTP 定义了客户端缓存机制。另外架设 Web 缓存服务器的内容分发网络可以加快客户端访问。 Web 代理对于 Web 客户端来说是服务，而对于 Web 服务器来说是客户。也就是说，代理同时扮演着客户和服务器的双重身份。代理除了可以正常转发客户和服务器之间的交互信息，还可以过滤不希望的 Web 请求，实现高速缓存等

续表

组件	说明
Cookie 和 Session 机制	HTTP 是一个无状态协议，因此当 Web 服务器将 Web 客户端请求的响应发送出去后，服务器便不必再保存任何信息。 　　Web 服务器可以指示 Web 客户端以存储 Cookie 的方式在一系列请求和响应之间维持状态，而服务器则采用 Session 机制保持状态
Web 内容的构建组件	使用 HTML/XHTML、CSS、JavaScript 构建静态 Web 页面。 使用 CGI、PHP、Python、Ruby、Java Servlet、Node.js 等技术构建动态 Web 应用。 使用各种数据发布格式及语言（XML、YAML、JSON、RSS/Atom）交换数据

3. Web 客户端和 Web 服务器

Web 系统是客户端/服务器式的，包括 Web 客户端和 Web 服务器。最典型的 Web 客户端是 Web 浏览器。通常将 Web 客户端和 Web 浏览器视为同义语。但严格地讲，可以向 Web 服务器发送 HTTP 请求的程序都是 Web 客户端，Web 浏览器只是 Web 客户端的一种，其他的 Web 客户端还包括 wget、cURL 等。表 7-2 中列出了 Web 浏览器和 Web 服务器的职责。

表 7-2　Web 浏览器和 Web 服务器的职责

Web 浏览器的职责	Web 服务器的职责
• 生成 Web 请求（在浏览器地址栏输入 URL 或单击页面链接时生成）； • 通过网络将 Web 请求发送给 Web 服务器； • 接收从服务器传回的 Web 文档； • 解释服务器传来的 Web 文档，并将结果显示在屏幕上	• 默认监听 TCP 的 80 端口； • 接收 Web 客户端请求； • 检查请求的合法性，包括安全性屏蔽； • 针对请求获取并制作 Web 文档； • 将信息发送给提出请求的客户机

Web 客户端与 Web 服务器的通信过程如图 7-1 所示。

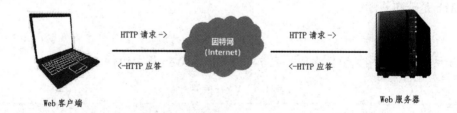

◎　图 7-1　Web 客户端与 Web 服务器的通信过程

下面的步骤描述了 Web 浏览器与 Web 服务器的通信过程。

①当用户在浏览器地址栏输入 URL 或单击一个超链接时产生一个 Web 请求。

②通过网络将 Web 请求发送给 URL 地址中的 Web 服务器。

③ Web 服务器接受请求并进行合法性检查。

④ Web 服务器针对请求获取并制作数据，包括动态脚本处理，为数据设置适当的 MIME 类型来对数据进行前期处理和后期处理。

⑤ Web 服务器把信息发送给提出请求的客户机。

⑥ Web 浏览器解释服务器传来的 Web 文档，并把结果进行显示。

⑦ Web 浏览器断开与远端 Web 服务的连接。

7.1.2　HTTP

1. HTTP 简介

HTTP（Hyper Text Transfer Protocol，超文本传输协议）是一种用于传输超文本文档的应用层协议，是 Web 数据通信的基础。

超文本（Hyper Text）是结构化的文本，使用含有文本的节点之间的逻辑连接（超链接）。HTTP 是交换或转移超文本的协议。

2. HTTP 的特点

HTTP 具有如下特点。

- URI 资源识别：HTTP 依赖于 URI，HTTP 在其一切事务中使用 URI 来识别 Web 上的资源。
- 请求 / 响应方式：HTTP 请求由客户机发出，服务器用响应消息应答，流向是从客户机到服务器。
- 无状态性：HTTP 是一个无状态协议，当跨越不同的请求响应时，客户机或服务器不维持任何状态。每一对请求和响应被作为独立的消息交换处理。
- 携带元数据：与资源相关的信息包含在 Web 传输中。元数据是与资源相关的信息，但并不是资源本身的组成部分，如资源内容的类型 text/html、资源编码的类型 UTF-8、资源的大小等。

3. HTTP 的版本

HTTP 是由互联网工程任务组（Internet Engineering Task Force，IETF）和万维网联盟（World Wide Web Consortium，W3C）协作开发的，最终形成 RFC 标准。

表 7-3 中列出了 HTTP 的几个版本。

表 7–3　HTTP 的版本

版本	说明
HTTP/1.0	1996 年发布 HTTP/1.0 标准（RFC 1945）
HTTP/1.1	当前广泛使用的协议标准。1997 年发布 HTTP/1.1 标准（RFC 2068），1999 年更新为 RFC 2616。 2007 年 HTTPbis 工作组成立，部分修订和澄清了 HTTP/1.1 的 RFC 2616，并拆分为如下 6 个 RFC： RFC 7230，HTTP/1.1:Message Syntax and Routing RFC 7231，HTTP/1.1:Semantics and Content RFC 7232，HTTP/1.1:Conditional Requests RFC 7233，HTTP/1.1:Range Requests RFC 7234，HTTP/1.1:Caching RFC 7235，HTTP/1.1:Authentication
HTTP/2	2015 年发布 HTTP/2 标准（RFC 7540）

4. HTTP 的连接方式

HTTP 是一种基于 TCP 的应用协议，在客户端和服务器之间有三种不同的 HTTP 通信方式，分别介绍如下。

- 传统方式：当用户需要访问一个网页或其页面资源文件（如 CSS 文件、图片文件等）时，客户端打开一个连接，发送单个请求给服务器，而后接收从服务器发回的响应，然后关闭连接。当需要访问另一个网页或其页面资源文件时重新建立连接，周而复始。
- 持久连接（Keep-alive）方式：客户端打开一个连接，可以依次发送多个请求给服务器并接收从服务器发回的多个响应，每接收完一个服务器响应之后才会发送下一个请求给服务器。只要任意一端未明确提出断开连接，就会保持 TCP 连接状态。
- 管线化（Pipelining）方式：客户端打开一个连接，可以同时发送多个请求给服务器并接收从服务器发回的多个响应，客户端不必等待获取上一个请求的响应即可直接发送下一个请求，从而大大加快了处理速度。这是持久连接方式的改进。

5. HTTP 的协议头

HTTP 协议头简称 HTTP 头（HTTP header），是 HTTP 会话请求和响应的一部分，用于客户端和服务器进行 HTTP 协商。使用 curl 命令获取的 HTTP 协议头如下：

```
C:\Users\22725>curl -s -I -v www.centos.com
*   Trying 217.160.0.230:80...
* Connected to www.centos.com (217.160.0.230) port 80 (#0)
> HEAD / HTTP/1.1
> Host: www.centos.com
> User-Agent: curl/7.83.1
> Accept: */*
>
* Mark bundle as not supporting multiuse
< HTTP/1.1 301 Moved Permanently
HTTP/1.1 301 Moved Permanently
< Content-Type: text/html; charset=utf-8
Content-Type: text/html; charset=utf-8
< Connection: keep-alive
Connection: keep-alive
< Keep-Alive: timeout=15
Keep-Alive: timeout=15
< Date: Tue, 13 Dec 2022 07:26:32 GMT
Date: Tue, 13 Dec 2022 07:26:32 GMT
< Server: Apache
Server: Apache
< Expires: Wed, 17 Aug 2005 00:00:00 GMT
Expires: Wed, 17 Aug 2005 00:00:00 GMT
< Cache-Control: no-store, no-cache, must-revalidate, post-check=0, pre-check=0
Cache-Control: no-store, no-cache, must-revalidate, post-check=0, pre-check=0
< Pragma: no-cache
Pragma: no-cache
< Set-Cookie: 3734e9a40504a02e839ef3f3e0f05621=ff4f2ebabae30371b21f878782a4bffe; path=/; secure; HttpOnly
Set-Cookie: 3734e9a40504a02e839ef3f3e0f05621=ff4f2ebabae30371b21f878782a4bffe; path=/; secure; HttpOnly
< Location: https://www.centos.com/
Location: https://www.centos.com/
< Last-Modified: Tue, 13 Dec 2022 07:26:33 GMT
```

Last-Modified: Tue, 13 Dec 2022 07:26:33 GMT

<

* Connection #0 to host www.centos.com left intact

以 ">" 开头的行是请求头部分,以 "<" 开头的行是响应头部分。其中,User-Agent 是请求头的一部分,用于指定连接到 Web 服务器的客户端软件;Date 是响应头的一部分,列出了日期;HTTP 响应头明确其使用的版本为 HTTP/1.1。有关 HTTP 协议头字段的含义详情可以参考相关文档。

6. HTTP 的请求方式

HTTP 请求方式简称 HTTP 方法(HTTP method),包含在 HTTP 协议头中,用于告知服务器客户端请求信息的方式。表 7-4 中列出了 HTTP 的 8 种请求方法。

表 7-4 HTTP 的请求方法

方法	说明	协议	对应的 CRUD 操作
HEAD	获取 HTTP 协议头。用于验证链接、可访问性,并检查任何最近的修改	1.0、1.1	—
GET	获取资源。当服务器响应客户端请求时会包含一个消息主体	1.0、1.1	Read
POST	将数据上传到服务器	1.0、1.1	Create
PUT	与 POST 类似,区别在于 PUT 支持状态统一性	1.0、1.1	Update
DELETE	使用该请求删除已识别的资源	1.0、1.1	Delete
CONNECT	要求用隧道协议连接代理	1.1	—
OPTIONS	用于从客户端请求通信选项,询问支持的方法	1.1	—
TRACE	跟踪路径,用于诊断和测试	1.1	—

7. HTTP 的状态码

HTTP 状态码(HTTP Status Code)是响应头的组成部分,用三位数字代码表示 Web 服务器的 HTTP 响应状态。表 7-5 中列出了一些常见的 HTTP 状态码。

表 7-5 常见的 HTTP 状态码

分类	说明	状态码举例
信息 1xx	表明服务器端接收了客户端请求	100:通知客户端它的部分请求已被服务器接收,服务器希望客户端继续
成功 2xx	客户端发送的请求被服务器端成功接收并成功进行了处理	200:服务器成功接收并处理了客户端的请求 206:服务器已经成功处理了部分 GET 请求。下载工具可使用此类响应状态实现断点续传
重定向 3xx	服务器端给客户端返回用于重定向的信息	301:被请求的资源已永久移动到新位置,并且将来对此资源的引用都使用响应返回的 URI 302:请求的资源现在临时从不同的 URI 响应 304:被请求的资源未发生变化,浏览器可以利用本地缓存展示页面

续表

分类	说明	状态码举例
客户端错误 4xx	客户端的请求有非法内容	400：客户端请求错误 401：未经授权的访问 403：客户端请求被服务器所禁止 404：客户端所请求的 URL 在服务器中不存在
服务器错误 5xx	服务器端未能正常处理客户端的请求而出现意外错误	500：服务器在处理客户端请求时出现异常 501：服务器未实现客户端请求的方法或内容 502：中间代理返回给客户端的出错信息，表明服务器返回给代理时出错 503：服务器由于负载过高或其他错误而无法正常响应客户端请求 504：中间代理返回给客户端的出错信息，表明代理连接服务器出现超时

7.2 使用 Apache 配置 Web 服务器

7.2.1 Apache 概述

1. Apache 简介

能够搭建 Web 服务器的软件有很多，Linux 环境下主要的 Web 服务器软件有：

- Apache。
- Nginx。
- Lighttpd。
- Cherokee。

据统计，Apache 是当前使用比例非常高的 Web 服务器软件，因此本书首先介绍使用 Apache 进行 Web 服务器的配置。

Apache 最初的源代码和思想基于当时颇为流行的 HTTP 服务器——NCSA HTTPd 1.3，经过较为完整的代码重写，现已在功能、效率及速度方面居于领先的地位。Apache 项目成立的最初目的是解答公用 HTTP 服务器发展中人们所关心的一些问题，例如，如何在现有的 HTTP 标准下提供更为安全、有效、易于扩展的服务器。

Apache 的开发人员全部为志愿者，不含任何商业行为。1995 年 12 月 Apache 1.0 版发行，在随后的 20 年中，Apache 不断改进，现已成为使用非常广泛的 Web 服务器软件。Apache 的主要版本有两个：1.X 版本，最高版本为 1.3，该版本继承 Apache 1.0 版本以来的优秀特性和配置管理风格，具有良好的兼容性、稳定性，目前已停止维护；2.X 版本，主要包括 2.0、2.2、2.4 等。2.X 版本比 1.X 版本更加强大，具有可扩展性等特点，可以充分利用主机性能，以插件的形式提供对特定平台和通用模块的支持。

早期的 Apache 软件由 Apache Group 来维护，直到 1999 年 6 月 Apache Group 成立了非

营利性组织的公司，即 Apache 软件基金会（Apache Software Foundation，ASF）。ASF 现在维护着大量开源项目。

在选择 Web 服务器软件时，其功能和运行性能是最重要的因素。Apache 的良好特性保证了它可以高效且稳定地运行。其特性主要表现在以下几方面：

- 开放源代码、跨平台应用。
- 模块化设计、运行稳定、良好的安全性。
- 为不同平台设计了提高性能的不同多处理模块（MPM）。
- 实现了动态共享对象（DSO），允许在运行时动态装载功能模块。
- 支持最新的 HTTP/1.1 协议。
- 支持虚拟主机、HTTP 认证，集成了代理服务，支持安全 Socket 层（SSL）。
- 使用简单而强有力的基于文本的配置文件，具有可定制的服务器日志。
- 支持通用网关接口 CGI、FastCGI、SSI（Server Side Includes，服务器端包含）。
- 支持 PHP、Perl、Python、Ruby、Java Servlets 等脚本编程语言。
- 支持第三方软件开发商提供的大量功能模块。

2. Apache 的结构

Apache 的结构如图 7-2 所示，它由内核、标准模块和第三方提供的模块三层组成。

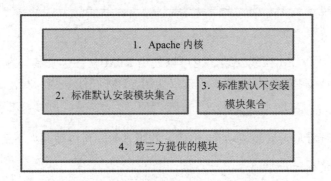

◎ 图 7-2　Apache 的结构

通常 Apache 在默认安装时，只安装图 7-2 中的 1、2 两部分。根据需要，用户可以通过修改配置去掉一些默认安装的标准模块，也可以通过修改配置安装一些默认不安装的模块。同时，也可以安装一些第三方提供的模块。

3. Apache 的 MPM 工作模式

Apache 2.4 使用多处理模块（Multi-Processing Module，MPM），使用此类模块会在服务器处理多个请求时，控制 Apache 的运行方式。表 7-6 中列出了 Linux 环境下 Apache 可以使用的三种 MPM 的工作模式。

表 7-6　Linux 环境下 Apache 可以使用的三种 MPM 的工作模式

	Profork MPM	Worker MPM	Event MPM
类型	多进程模型	多进程多线程混合模型	多进程多线程混合模型

续表

	Profork MPM	Worker MPM	Event MPM
工作方式	由 Apache 的主控进程同时创建多个子进程，每个子进程只用一个线程处理一个连接请求	由 Apache 的主控进程同时创建多个子进程，每个子进程再创建固定数量的线程和一个监听线程，由监听线程监听接入请求并将其传递给服务线程处理和应答	是 Worker MPM 的变种，它把服务进程从连接中分离出来，使用专门的线程来管理这些 Keep-alive 类型的线程，当有真实请求时，会停止一些 Keep-alive 类型的线程来释放一些线程资源，从而接受更多连接请求
优点	成熟稳定，兼容所有新老模块，是线程安全的（每个子进程只用一个线程）	每个子进程中的线程通常会共享内存空间，从而减少了内存的占用；高并发下比 Profork MPM 表现更优秀	解决了 Keep-alive 场景下，长期被占用的线程的资源浪费问题，可以处理比 Worker MPM 更多的并发进程
缺点	连接数比较大时非常消耗内存，不擅长处理高并发请求；使用 Keep-alive 连接时，某个子进程会一直被占据，也许中间几乎没有请求，需要一直等待到超时才会被释放，过多的子进程占据会导致在高并发场景下的无服务进程可用	子进程内的多个线程共享内存会带来线程安全隐患；使用 Keep-alive 连接时，某个线程会一直被占据，也许中间几乎没有请求，需要一直等待到超时才会被释放，过多的线程占据，会导致在高并发场景下的无服务线程可用	子进程内的多个线程共享内存会带来线程安全隐患；在遇到某些不兼容的模块时会失效，将会回退到 Worker MPM

4. Apache 的安装

Apache 可以使用 YUM 在线安装，也可以使用 RPM 软件包安装，为了保证安装的一致性及规范性，保证所安装的是最新版本，建议使用 YUM 在线安装。安装命令如下：

```
# yum install httpd httpd-tools httpd-manual
```

安装完成后，查看是否安装成功及 Apache 的版本号，可以使用如下命令：

```
[root@localhost ~]# rpm -qa | grep httpd
httpd-tools-2.4.53-7.el9.x86_64
httpd-filesystem-2.4.53-7.el9.noarch
httpd-core-2.4.53-7.el9.x86_64
centos-logos-httpd-90.4-1.el9.noarch
httpd-2.4.53-7.el9.x86_64
httpd-manual-2.4.53-7.el9.noarch
```

可以看到，当前安装的 Apache 的版本为 2.4.53。

表 7-7 中列出了与 Apache 相关的文件。

表 7-7 与 Apache 相关的文件

分类	文件	说明
守护进程	/usr/sbin/httpd	Apache 的守护进程
	/usr/sbin/htcacheclean	清理由 mod_disk_cache 模块使用的磁盘缓存
systemd 的服务配置单元	/usr/lib/systemd/system/httpd.service	httpd 服务单元配置文件
	/usr/lib/systemd/system/htcacheclean.service	htcacheclean 服务单元配置文件

分类	文件	说明
配置文件	/etc/httpd/conf/httpd.conf	Apache 的主配置文件
	/etc/httpd/conf/magic	模块 mod_mime_magic 使用的 Magic 数据，无须配置
	/etc/httpd/conf.d/*.conf	被主配置文件包含的配置文件
	/etc/httpd/conf.modules.d/*.conf	Apache 模块的配置文件
	/etc/httpd/conf.modules.d/00-mpm.conf	配置 Apache 的运行模式
	/etc/logrotate.d/httpd	Apache 的日志滚动配置文件
	/etc/sysconfig/httpd	httpd 守护进程的启动配置文件
	/etc/sysconfig/htcacheclean	htcacheclean 守护进程的启动配置文件
模块文件	/usr/lib64/httpd/modules/*.so	Apache 的模块文件
管理工具	/usr/sbin/apachectl	Apache 的控制程序
	/usr/sbin/suexec	在执行 CGI 脚本之前切换为指定的用户
	/usr/sbin/fcgistarter	用于启动 FastCGI 程序
	/usr/sbin/rotatelogs	滚动 Apache 日志而无须终止服务器
	/usr/bin/ab	HTTP 服务的性能测试工具
	/usr/sbin/httxt2dbm	将基于文本的认证数据库转换为 DBM 数据库
	/usr/bin/htdbm	管理基本认证的 DBM 数据库形式的口令文件
	/usr/sbin/htpasswd	建立和更新基本认证口令文件
	/usr/bin/htdigest	建立和更新摘要认证口令文件
	/usr/bin/logresolve	将 Apache 日志文件中的 IP 地址解析为主机名
默认的 Web 文档	/var/www/html/	默认的根文档目录
	/var/www/cgi-bin/	CGI 程序目录
	/usr/share/httpd/error/	存放 Apache 的错误响应页面的目录
	/usr/share/httpd/icons/	存放内容协商所使用的图片的目录
	/usr/share/httpd/noindex/	当 index 页面不在时显示此目录中的页面
默认的日志文件	/var/log/httpd/access_log	访问日志文件
	/var/log/httpd/error_log	错误日志文件
文档	/usr/share/doc/httpd-core/*.conf	Apache 的配置文件模板
	/usr/share/httpd/manual/	Apache 的 HTML 版本的手册

7.2.2　Apache 配置基础

1. 启动和停止 Apache

安装完 Apache 后，可以使用 systemctl 命令管理 Apache 的 httpd 服务，命令格式如下：

```
#systemctl {start|stop|status|restart|reload} httpd
#systemctl {enable|disable} httpd
```

除了使用 systemctl 命令，还可以使用 apachectl 命令来控制和管理 Apache。表 7-8 中列出了控制和管理 Apache 的各种 apachectl 命令。

表 7-8　控制和管理 Apache 的各种 apachectl 命令

命令	说明	命令	说明
apachectl start	启动 Apache 服务	apachectl -V 或 httpd -V	显示 Apache 的编译参数
apachectl stop	停止 Apache 服务	apachectl -l 或 httpd -l	查看 Apache 已经编译的模块
apachectl graceful	重新启动 Apache 服务	apachectl -M 或 httpd -M	列出所有模块, 包括动态加载的
apachectl status	使用 systemd 显示 httpd 状态	apachectl -t 或 httpd -t	检查 Apache 配置文件的正确性
apachectl fullstatus	显示 mod_status 模块的输出	apachectl -S 或 httpd -S	检查虚拟主机配置的正确性

　　前面已经安装好了 Apache 服务, 但其默认并未开启, 可以使用命令查看其状态, 如图 7-3 所示。

◎ 图 7-3　Apache 处于未开启状态

　　使用 systemctl start httpd 或 apachectl start 命令开启 Apache 服务并查看其状态, 如图 7-4 所示。

◎ 图 7-4　开启 Apache 服务

　　这时, 找一台可以与本机连网的主机, 打开浏览器测试一下是否可以访问本机的 Web 服务。若能访问, 则会显示如图 7-5 所示的 Apache 默认页面。

◎ 图 7-5　Apache 默认页面

接下来的工作就是发布用户自定义的 Web 网站，以及完成相关参数配置。

2. Apache 的配置文件

（1）主配置文件和附加配置文件

Apache 的主配置文件是 httpd.conf，为了按逻辑分割配置，可以用 Include 或 IncludeOptional 命令和通配符附加许多其他配置文件。

Include 和 IncludeOptional 的区别在于：Include 包含的文件必须存在，否则会报错；而 IncludeOptional 包含的文件可以不存在。管理员可以在 /etc/httpd/conf.d/ 目录下添加自己的配置文件。

（2）基本目录的配置文件

Apache 除了使用主配置文件，还可以使用分布在整个网站目录树中的特殊文件来进行分散配置。这样的特殊配置文件称为基于目录的配置文件，文件名默认为 .htaccess，但是也可以用 AccessFileName 命令来修改名称。

（3）配置文件的基本语法

- 每一行包含一个命令，在行尾使用反斜杠"\"可以表示续行。
- 配置文件中的命令不区分大小写，但是命令的参数（argument）通常区分大小写。
- 以"#"开头的行被视为注解并在读取时被忽略。注解不能出现在命令的后边。
- 空白行和命令前的空白字符将在读取时被忽略，因此可以采用缩进以保持配置层次的清晰。

无论是主配置文件还是用 Include 等命令附加的配置文件，抑或是 .htaccess 配置文件，都应该遵从上述配置文件的基本语法。

3. Apache 的模块

Apache 服务器是一个模块化的服务器，它有以下两种编译方式。

- 静态编译：将核心模块和所需要的模块一次性编译。其优缺点介绍如下。
  - ➢ 优点：运行速度快。
  - ➢ 缺点：要增加或删除模块必须重新编译整个 Apache。
- 动态编译：只编译核心模块和 DSO（动态共享对象）模块 mod_so。其优缺点介绍如下。
  - ➢ 优点：各模块可以独立编译，并可随时用 LoadModule 命令加载，用于特定模块的命令可以用 <IfModule> 容器包含起来，使之有条件地生效。
  - ➢ 缺点：运行速度稍慢。

在 CentOS 9 中运行 httpd -l 命令的结果如下：

```
# httpd -l
Compiled in modules:
 core.c
 mod_so.c
 http_core.c
```

由命令执行结果可知，Apache 中只有三个模块是静态编译的，其他可用模块都是动态编译的。

若被编译的模块中包含mod_so.c，表示当前的Apache支持Dynamic Shared Objects（DSO），即用户可以在不重新编译 Apache 的情况下使用 APache eXtenSion（apxs）编译 Apache 的其他模块（也包括第三方模块）。

所有动态编译的模块，在使用时需要使用 LoadModule 命令加载。在 CentOS 9 中所有动态编译模块的加载都存放在 /etc/httpd/conf.modules.d/ 目录下的配置文件中。

4. Apache 配置案例

首先创建一个网站，这里主要演示 Apache 服务的配置，网站仅做一个简单的演示。在 /var/www/html 目录下创建一个文件夹 website，然后在这个文件夹下创建一个 index.html 文件，内容如下：

```
<html>
    <head>
        <title> 这是一个用户测试网站 </title>
    </head>
    <body>
        这是一个用户自定义的网站，供测试 Apache 服务使用
    </body>
</html>
```

这时打开浏览器，在地址栏中输入 http://192.168.232.142/website/ 并按 Enter 键，可以看到图 7-6 所示的 Web 服务发布效果。

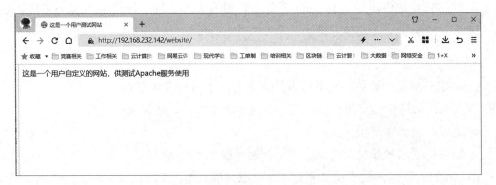

◎ 图 7-6　发布用户自定义网站

通过修改 httpd.conf 相关参数，可以对用户网站进行自定义配置。

（1）修改 DocumentRoot

使用 vi 编辑器编辑 httpd.conf 文件，修改 DocumentRoot，命令如下：

```
# vi /etc/httpd/conf/httpd.conf
```

DocumentRoot 默认的参数值为 /var/www/html，现在用户自定义的 Web 网站为 /var/www/html/website，因此需要将 DocumentRoot 参数值改为 /var/www/html/website，然后重启 httpd 服务，命令如下：

```
#systemctl restart httpd
```

此时再输入服务器 IP 地址查看效果，如图 7-7 所示。

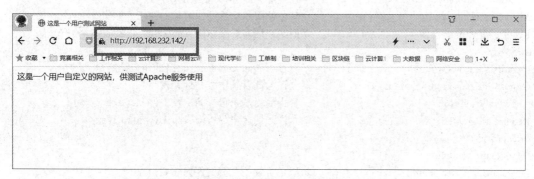

◎　图 7-7　修改默认目录后的网站

（2）修改 Listen 参数

Web 服务器默认的端口号为 80，所以如果在 URL 中不输入端口号的话，表示默认的参数为 80。在某些情况下需要用户使用其他端口号时，可以通过修改 Listen 参数来实现。比如这里将端口号改为 8080：

Listen 8080

重启 httpd 服务后查看网站，效果如图 7-8 所示。

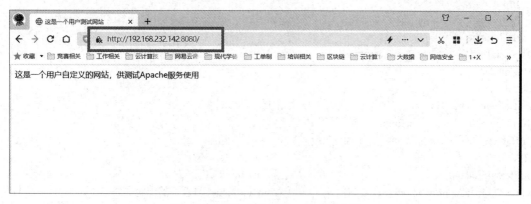

◎　图 7-8　修改默认端口号后的效果

httpd.conf 中主要参数的作用介绍如下：

```
# egrep -v '#|^$' /etc/httpd/conf/httpd.conf
ServerRoot "/etc/httpd"                    //Apache 配置文件所在目录
Listen 8080                                //Apache 监听本机所有网络接口的端口
Include conf.modules.d/*.conf              // 包含动态模块加载配置文件
User apache                                // 以 apache 用户执行服务进程 / 线程
Group apache                               // 以 apache 组执行服务进程 / 线程
ServerAdmin root@localhost                 //Apache 管理员的 E-mail
<Directory />                              // 设置对 ServerRoot 目录的访问控制
   AllowOverride none                      // 禁止使用基于目录的配置文件
   Require all denied                      // 拒绝一切客户端访问 ServerRoot 目录
</Directory>
DocumentRoot "/var/www/html/website"       // 主服务器文档的根目录
```

```
<Directory "/var/www">                              // 设置对 /var/www 目录的访问控制
  AllowOverride None                                // 禁止使用基于目录的配置文件
  Require all granted-                              // 拒绝一切客户端访问 /var/www 目录
</Directory>
<Directory "/var/www/html">                          // 设置对 /var/www/html 目录的访问控制
  Options Indexes FollowSymLinks                     // 允许为此目录生成文件列表
  AllowOverride None                                // 禁止使用基于目录的配置文件
  Require all granted                               // 允许一切客户端访问 /var/www/html 目录
</Directory>
<IfModule dir_module>
  DirectoryIndex index.html                          // 指定目录的主页文件为 index.html
</IfModule>
<Files ".ht*">
  Require all denied                                // 拒绝一切客户端访问 ".ht" 文件
</Files>
ErrorLog "logs/error_log"                            // 指定错误日志文件位置
LogLevel warn                                        // 指定记录高于 warn 级别的错误日志
<IfModule log_config_module>                          // 定义访问日志格式并为其命名
  LogFormat "%h %l %u %t \"%r\" %>s %b \"%{Referer}i\" \"%{User-Agent}i\" " combined
  LogFormat "%h %l %u %t \"%r\" %>s %b" common
  <IfModule logio_module>
    LogFormat "%h %l %u %t \"%r\" %>s %b \"%{Referer}i\" \"%{User-Agent}i\" %I %O" combinedio
  </IfModule>
  CustomLog "logs/access_log" combined               // 指定访问日志文件的位置和格式
</IfModule>
…
AddDefaultCharset UTF-8                               // 指定默认的字符集
<IfModule mime_magic_module>
  MIMEMagicFile conf/magic
</IfModule>
EnableSendfile on                                    // 启用 sendfile 机制以提高 Apache 性能
IncludeOptional conf.d/*.conf                         // 包含 conf.d/*.conf 目录下的配置文件
```

7.2.3 Apache 虚拟主机配置

1. 虚拟主机及其实现

Apache 的虚拟主机主要应用于 HTTP 服务，可以将一台主机虚拟成多台 Web 服务器。例如，某家提供主机代管服务的公司在为客户企业提供 Web 服务时，肯定不会为每家客户企业都准备一台物理服务器，而是用一台功能较强大的服务器，然后用虚拟主机的方式，为多家企业提供 Web 服务。虽然多个 Web 服务都是用这一台服务器提供的，但是对访问者而言，这和从不同的独立服务器上获得的 Web 服务是一样的。

用 Apache 设置虚拟主机服务通常有以下两种方案。

• 基于 IP 地址的虚拟主机：每个网站拥有不同的 IP 地址。

• 基于名称的虚拟主机：主机只有一个 IP 地址，可以使用不同的域名来访问不同的网站。

如果主机只有一个 IP 地址，也可以使用不同的端口号来访问不同的网站，称为"基于端口的虚拟主机"。这种方案通常用于临时测试环境。

2. 虚拟主机配置指令

无论是配置基于 IP 地址的虚拟主机还是配置基于域名的虚拟主机，都需要使用 <VirtualHost> 容器。下面是 Apache 的配置文件中给出的虚拟主机配置样例。

```
<VirtualHost *:80>
 ServerAdmin webmaster@dummy-host.example.com
 DocumentRoot /www/docs/dummy-host.example.com
 ServerName dummy-host.example.com
 ErrorLog logs/dummy-host.example.com-error_log
CustomLog logs/dummy-host.example.com-access_log common
</VirtualHost>
```

上述代码中的主要参数介绍如下。

- ServerAdmin：用于指定当前虚拟主机的管理员的 E-mail 地址。
- DocumentRoot：用于指定当前虚拟主机的根文档目录。
- ServerName：用于指定当前虚拟主机的名称。
- ErrorLog：用于指定当前虚拟主机的错误日志的存放路径。
- CustomLog：用于指定当前虚拟主机的访问日志的存放路径。

3. 主服务器配置与虚拟主机配置的关系

（1）覆盖性

主服务器范围内的命令（所有 <VirtualHost> 容器之外的命令，包括主配置文件使用 Include 等命令附加的配置文件中的命令）仅在它们没有被虚拟主机的配置覆盖时才起作用。换句话说，<VirtualHost> 容器中的命令会覆盖主服务器范围内同名的配置命令。

（2）继承性

每个虚拟主机都会从主服务器配置继承相关的配置。例如，当 <VirtualHost> 容器中没有使用 DirectoryIndex 配置命令时，因为在主服务器配置中已经出现 DirectoryIndex index.html 配置语句，所以当访问虚拟主机时，能够显示 index.html 页面。

4. 使用虚拟主机配置文件

配置虚拟主机时可以在主配置文件中进行，但是为了方便维护虚拟主机的配置，通常会为某个虚拟主机或某组虚拟主机使用单独的配置文件。为此，首先修改主配置文件 /etc/httpd/conf/httpd.conf，在文件尾部添加如下配置行：

```
IncludeOptional vhosts.d/*.conf
```

然后使用如下命令创建存放虚拟主机配置文件的目录：

```
#mkdir /etc/httpd/vhosts.d
```

如此配置之后，即可在 /etc/httpd/vhost.d 目录下创建虚拟主机配置文件了。

5. 配置虚拟主机案例

下面配置一个基于 IP 地址的虚拟主机。在一台计算机上配置多个 IP 地址有两种方法：

- 安装多块物理网卡，给每块网卡配置不同的 IP 地址。

• 在一块网卡上绑定多个 IP 地址。

为本机的网卡临时添加一个 IP 地址 192.168.232.200。这个配置是临时的，重启主机后将失效。配置过程如图 7-9 所示。

```
[root@localhost ~]# ip addr add 192.168.232.200/24 dev ens33
[root@localhost ~]# ip addr
1: lo: <LOOPBACK,UP,LOWER_UP> mtu 65536 qdisc noqueue state UNKNOWN group default qlen 1000
    link/loopback 00:00:00:00:00:00 brd 00:00:00:00:00:00
    inet 127.0.0.1/8 scope host lo
       valid_lft forever preferred_lft forever
    inet6 ::1/128 scope host
       valid_lft forever preferred_lft forever
2: ens33: <BROADCAST,MULTICAST,UP,LOWER_UP> mtu 1500 qdisc fq_codel state UP group default qlen 1000
    link/ether 00:0c:29:bd:66:ac brd ff:ff:ff:ff:ff:ff
    altname enp2s1
    inet 192.168.232.142/24 brd 192.168.232.255 scope global noprefixroute ens33
       valid_lft forever preferred_lft forever
    inet 192.168.232.200/24 scope global secondary ens33
       valid_lft forever preferred_lft forever
    inet6 fe80::20c:29ff:febd:66ac/64 scope link noprefixroute
       valid_lft forever preferred_lft forever
[root@localhost ~]#
```

◎ 图 7-9　为网卡配置临时 IP 地址

创建虚拟主机网站，命令如下：

```
# mkdir /var/www/html/web10
# vi /var/www/html/web10/index.html
```

index.html 文件的内容如下：

```
<html>
    <head>
        <title> 这是虚拟主机网站 </title>
    </head>
    <body>
        这是第一台虚拟主机网站的主页
    </body>
</html>
```

配置虚拟主机文件，命令如下：

```
# vi /etc/httpd/vhosts.d/virtualhost.conf
<VirtualHost 192.168.232.200:80>
    DocumentRoot /var/www/html/web10
</VirtualHost>
```

重启 Apache 服务器，命令如下：

```
# systemctl restart httpd
```

查看虚拟主机网站，效果如图 7-10 所示。

◎ 图 7-10　虚拟主机网站

7.3　使用 Nginx 配置 Web 服务器

7.3.1　Nginx 概述

1. Nginx 简介

Nginx 是一款轻量级的 Web 服务器，其发音为 engine X，它是一款高性能的 HTTP 和反向代理 Web 服务器，同时也是 IMAP/POP3/SMTP 代理服务器。这里介绍 Nginx 主要是为了向读者说明，除了 Apache 服务器，Linux 操作系统下还有很多种工具可以搭建 Web 服务器，而这些工具中 Nginx 是一个优秀的代表。

Nginx 作为 HTTP 服务器，有以下几项基本特性。

- 能够处理静态文件（如 HTML 静态网页及请求）、索引文件并支持自动索引。
- 能够打开并自行管理文件描述缓存符。
- 提供反向代理服务，并且可以使用缓存加速反向代理，同时完成简单的负载均衡和容错。
- 提供远程 FastCGI 服务的缓存机制，加速访问，同时完成简单的负载均衡和容错。
- 使用 Nginx 的模块化提供过滤器功能。Nginx 的基本过滤器包括 gzip 压缩、ranges 支持、chunked 响应、XSLT、SSI 和图像缩放等。
- 支持 HTTP 下的 SSL（安全套接层）协议。

Nginx 专为性能优化而开发，性能是其最重要的考量，实现上非常注重效率。它支持内核 Poll 模型，能经受高负载的考验，能支持高达 50 000 个并发连接数。

Nginx 具有很高的稳定性。其他 HTTP 服务器在遇到访问的峰值，或者有人恶意发起慢速连接时，很可能会导致服务器物理内存耗尽而失去响应，只能重启服务器。例如当前 Apache 一旦超过 200 个进程，Web 响应速度就明显缓慢了。而 Nginx 采取了分阶段资源分配技术，使得它的 CPU 与内存占用率非常低。Nginx 官方表示，在保持 10 000 个无活动连接时，它只占 2.5MB 内存，所以类似 DoS 这样的攻击对 Nginx 来说基本上是毫无用处的。

Nginx 支持热部署。它的启动特别容易，并且几乎可以做到 7×24 小时不间断运行，即使运行数月也不需要重新启动。它还允许用户在不间断服务的情况下，对软件版本进行升级。

Nginx 采用 master-slave 模型（主从模型，一种优化阻塞的模型），能够充分利用 SMP（对称多处理，一种并行处理技术）的优势，并且能够减少工作进程在磁盘 I/O 的阻塞延迟。

Nginx 代码质量非常高，编写很规范，手法成熟，模块扩展也很容易。特别值得一提的是强大的 Upstream 与 Filter 链。Upstream 为诸如 Reverse Proxy 这样的服务器的通信模块的编写奠定了很好的基础；而 Filter 链不必等待前一个 filter 执行完毕，就可以把前一个 filter 的输出作为当前 filter 的输入。这意味着一个模块可以开始压缩从后端服务器发送过来的请求，并且可以在模块接收完后端服务器的整个请求之前把压缩流转向客户端。

2. Nginx 与 Apache 的对比

上一节我们学习了使用 Apache 配置 Web 服务器，那么 Nginx 与 Apache 相比有哪些特点呢？下面给出总结。

- 轻量级。与 Apache 相比，Nginx 占用更少的内存及资源。
- 高并发。Nginx 处理请求是异步非阻塞的，而 Apache 是阻塞型的，在高并发情况下 Nginx 能保持低资源、低消耗、高性能的特点。

- 高度模块化的设计，配置更为简洁。
- 社区活跃度高，各种高性能模块推出更新更加迅速。

在选择 Web 发布工具时，如果需要的是高性能的 Web 服务，推荐使用 Nginx；如果更看重服务器的稳定性，可以选择使用 Apache。Apache 的各种功能模块实现比 Nginx 更好，可配置项更多。

7.3.2 Nginx 架构

1. Nginx 的特点

Nginx 具有高性能的特点，这与其架构是分不开的。Nginx 启动后，在操作系统中会以 daemon（守护进程）的方式在后台运行，后台进程包含一个 master 进程和多个 worker 进程。用户也可以手动关闭后台模式，让 Nginx 在前台运行，并且可以通过配置让 Nginx 取消 master 进程，从而使 Nginx 以单进程方式运行。很显然，生产环境下肯定不会这么做，所以关闭后台模式，一般是用来调试用的。Nginx 是以多进程的方式来工作的，当然它也支持多线程的方式，只是主流的还是多进程的方式，这也是 Nginx 的默认方式。

Nginx 启动后，会有一个 master 进程和多个 worker 进程。master 进程主要用来管理 worker 进程，其工作主要包括：接收来自外界的信号，向各 worker 进程发送信号，监控 worker 进程的运行状态，当 worker 进程退出后（异常情况下）自动重新启动新的 worker 进程。而基本的网络事件则是放在 worker 进程中来处理了。多个 worker 进程之间是对等的，它们同等竞争来自客户端的请求，各进程互相之间是独立的。一个请求只可能在一个 worker 进程中处理，一个 worker 进程不可能处理其他进程的请求。worker 进程的个数是可以设置的，一般设置成与机器 CPU 核数一致，这里面的原因与 Nginx 的进程模型是分不开的。Nginx 的进程模型如图 7-11 所示。

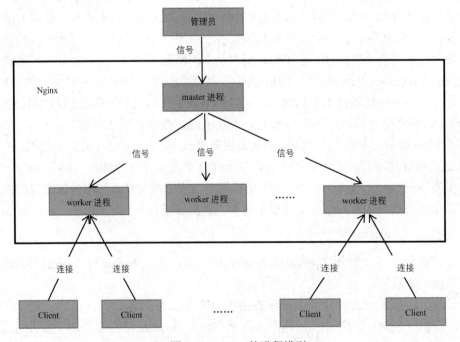

◎ 图 7-11 Nginx 的进程模型

通过图 7-11 可以看到，master 进程负责管理 worker 进程，所以用户只需要与 master 进程通信就行了。master 进程会接收来自外界的信号，再根据信号做不同的事情。用户要控制 Nginx，只需通过 kill 命令向 master 进程发送信号即可。比如执行 kill -HUP pid 命令，就是告诉 Nginx 要重新启动或重新加载配置，服务是不中断的。master 进程在接收到 HUP 信号后，首先会重新加载配置文件，然后启动新的 worker 进程，并向所有老的 worker 进程发送信号，告诉它们任务已经完成。新的 worker 启动后，就开始接收新的请求，而老的 worker 在收到来自 master 的信号后，就不再接收新的请求，并且在当前进程中将所有未处理完的请求处理完成后再退出。

2. Nginx 事件处理

Nginx 采用多 worker 的方式来处理请求，每个 worker 里面只有一个主线程，那能够处理的并发数很有限，多少个 worker 就能处理多少个并发，可为什么要强调 Nginx 的高并发性呢？这其实就是 Nginx 的高明之处，Nginx 采用了异步非阻塞的方式来处理请求，也就是说，Nginx 是可以同时处理成千上万个请求的。

Nginx 事件循环处理流程如图 7-12 所示。

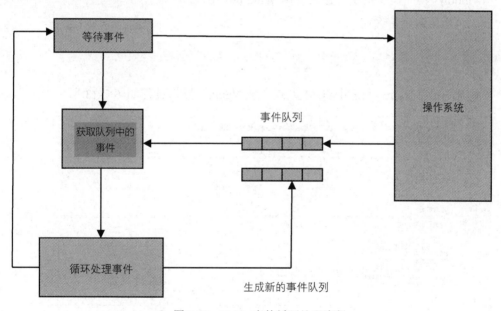

◎ 图 7-12　Nginx 事件循环处理流程

Nginx 刚启动时，在等待事件部分，也就是打开了 80 或 443 端口，此时在等待新的事件进来，比如新的客户端连上了 Nginx 并发起访问请求，这个过程往往对应 epoll 的 epoll wait 方法，这个时候的 Nginx 其实是处于 sleep 进程状态的。当操作系统收到一个建立 TCP 连接的握手报文并且处理完握手流程以后，操作系统就会通知 epoll wait 这个阻塞方法可以往下走了，同时唤醒 Nginx worker 进程。

接着，客户端的访问请求会去找操作系统索要事件，操作系统会把准备好的事件放在事件队列中，从这个事件队列中可以获取需要处理的事件，比如建立连接或者收到一个 TCP 请求报文。

实验目标

- 了解配置 Web 服务器的流程
- 掌握 Nginx 的安装
- 掌握使用 Nginx 配置 Web 服务器

实验任务描述

公司要搭建一个 Web 服务器，用于信息发布及资源共享。现在已经有了 Linux 服务器，要求在这台服务器上安装 Nginx，并使用 Nginx 搭建一个 Web 站点，供公司员工内部使用。

实验环境要求

- Windows 桌面操作系统（建议使用 Windows 10）
- CentOS 9 操作系统

实验步骤

第 1 步：安装 Nginx。使用 YUM 方式安装 Nginx，操作过程如图 7-13 所示。

```
[root@localhost ~]# yum install nginx
上次元数据过期检查：0:10:25 前，执行于 2023年03月20日 星期一 20时44分43秒。
依赖关系解决。

 软件包              架构        版本                仓库          大小

安装：
 nginx             x86_64      1:1.22.1-2.el9      appstream      39 k
安装依赖关系：
 nginx-core        x86_64      1:1.22.1-2.el9      appstream     576 k
 nginx-filesystem  noarch      1:1.22.1-2.el9      appstream      12 k

事务概要

安装  3 软件包

总下载：628 k
安装大小：1.8 M
确定吗？[y/N]：y
下载软件包：
(1/3)：nginx-1.22.1-2.el9.x86_64.rpm             113 kB/s |  39 kB   00:00
(2/3)：nginx-filesystem-1.22.1-2.el9.noarch.rpm   12 kB/s |  12 kB   00:00
(3/3)：nginx-core-1.22.1-2.el9.x86_64.rpm        347 kB/s | 576 kB   00:01

总计                                             164 kB/s | 628 kB   00:03
```

◎ 图 7-13 安装 Nginx

第 2 步：启动 Nginx，查看其网络状态，如图 7-14 所示。

```
[root@localhost ~]# nginx
[root@localhost ~]# netstat -ntlp
Active Internet connections (only servers)
Proto Recv-Q Send-Q Local Address        Foreign Address    State    PID/Program name
tcp      0      0 127.0.0.1:631          0.0.0.0:*          LISTEN   997/cupsd
tcp      0      0 127.0.0.1:6010         0.0.0.0:*          LISTEN   2261/sshd: andy@pts
tcp      0      0 127.0.0.1:6011         0.0.0.0:*          LISTEN   3904/sshd: andy@pts
tcp      0      0 0.0.0.0:80             0.0.0.0:*          LISTEN   4755/nginx: master
tcp      0      0 0.0.0.0:22             0.0.0.0:*          LISTEN   998/sshd: /usr/sbin
tcp6     0      0 :::6010                :::*               LISTEN   2261/sshd: andy@pts
tcp6     0      0 :::6011                :::*               LISTEN   3904/sshd: andy@pts
tcp6     0      0 :::80                  :::*               LISTEN   4755/nginx: master
tcp6     0      0 :::22                  :::*               LISTEN   998/sshd: /usr/sbin
tcp6     0      0 ::1:631                :::*               LISTEN   997/cupsd
[root@localhost ~]#
```

◎ 图 7-14 启动 Nginx 并查看网络状态

第 3 步：测试默认网站。本机 IP 地址为 192.168.232.200，在宿主机的 Windows 10 操作系统下进行访问，测试结果如图 7-15 所示。

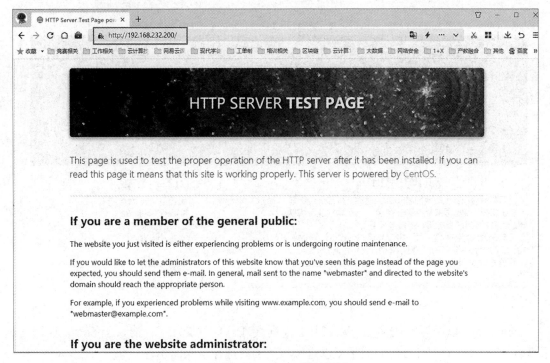

◎ 图 7-15　Nginx 默认网站

第 4 步：编写一个企业网站，这里并未实际开发，只用一个简单的 HTML 页面（index.html）表示公司网站，存放在 /www/web 目录下，如图 7-16 所示。

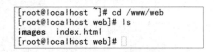

◎ 图 7-16　存放 Web 网站的目录和文件

第 5 步：修改 Nginx 主配置文件 /etc/nginx/nginx.conf，命令如下。

[root@office /]# vi /etc/nginx/nginx.conf

将网站根目录修改为指定目录，如图 7-17 所示。

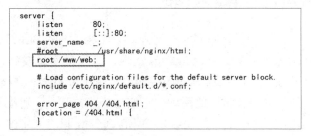

◎ 图 7-17　修改网站根目录位置

第 6 步：重启 Nginx 服务，命令如下。

[root@office nginx]# nginx -s reload

第 7 步：测试网站。在浏览器中打开网站，显示效果如图 7-18 所示。

◎ 图 7-18   访问企业网站

Nginx 还可以配置默认文档、端口号、反向代理、负载均衡等内容，因为篇幅原因，这里不再深入探讨了，有兴趣的同学可以查阅相关资料进行深入的学习。

任务巩固

1. Web 服务器通常使用什么协议进行传输？
2. 通常使用浏览器进行 Web 服务访问，常用的浏览器有哪些？
3. 常用的 Web 服务发布工具有哪些？它们分别有什么特点？
4. 在 Linux 操作系统中使用 Apache 和 Nginx 发布自定义的网站。

任务总结

计算机应用程序通常可以划分为 B/S 结构和 C/S 结构两种。B/S 结构即浏览器 / 服务器模式，使用的就是 Web 服务。Web 服务功能非常强大，包括信息发布、数据通信、文件共享、在线编程等各种应用，因此掌握 Web 服务器的配置十分重要。现在的 Web 发布工具很多，Apache 和 Nginx 是其中比较常用的两款，它们功能非常强大，可配置的选项也非常多。本任务只是简要地介绍了这两款工具的安装与基本配置，要想深入了解和掌握这两款发布工具的应用，还需要同学们查阅资料，多加实践。

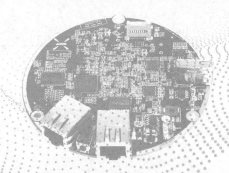

任务八

DNS 服务器配置

任务背景及目标

通过学习，小张已经掌握了 Web 服务器的配置，但是他发现一个问题，那就是只能用 IP 地址进行访问，这与因特网上使用域名访问网络不一样，域名容易记忆，而 IP 地址书写和记忆都很不方便。于是，他又来找老李了。

小张：李工，Web 服务器我配置完成了，也可以正常使用，但是通过 IP 地址访问太麻烦了，而且咱们通常上网时，也不是使用 IP 地址，而是使用域名来访问的，这是怎么回事？

老李：你说的没有错，前面我们搭建的 Web 服务器，需要通过 IP 地址进行访问，这个 IP 地址就是 Web 服务器的唯一编号，就像我们每个人的身份证号码一样。但是我们平时互相打招呼时，谁也不会去喊对方的身份证号码，而是叫他的名字。同样的道理，我们也要给因特网上的 Web 服务器起一个名字。

小张：生活中我们的名字会有重名的情况，那 Web 服务器如果重名了，该怎么办呢？

老李：如果每个人的名字都是自己起的，是会出现重名的情况，因此我们要有一些组织或机构负责起名字，或者说是负责审批，就像企业要注册名字时似的，要保证企业名称的唯一性。

小张：那找谁来给这些网络上的服务器起名字呢？

老李：在因特网上，域名是由 InterNIC，也就是因特网信息管理中心来负责管理的。现在咱们公司这个服务器主要用于公司内部，所以我们自己可以进行相应名称的管理。

小张：这样啊，那太好了！我抓紧学习一下，然后给咱们配置的 Web 服务器起一个好听的域名。

职业能力目标

- 了解域名结构
- 掌握 DNS 服务器的类型
- 了解 DNS 查询模式及解析过程
- 掌握 DNS 服务器的安装
- 掌握 DNS 服务器的配置

● **知识结构** ●

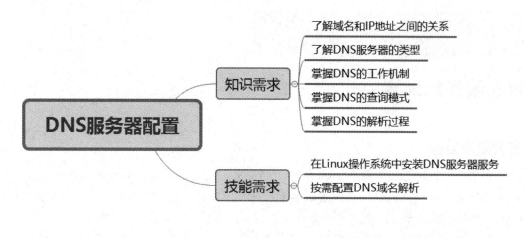

● **课前自测** ●

- 什么是域名？
- DNS 服务器有哪些类型？
- 域名和 IP 地址是一一对应关系吗？
- 如果要创建一个网站，需要有一个域名，要怎么获得域名呢？

8.1　DNS 简介

8.1.1　DNS 的组成和域名

1. DNS 的组成

DNS（Domain Name System，域名系统）是基于客户端 / 服务器模型设计的。从本质上看，整个域名系统是以一个大的分布式数据库的方式工作的。大多数因特网连接的组织都有一个域名服务器，每个服务器包含指向其他域名服务器的信息，结果是这些服务器形成一个大的协调工作的域名数据库。

每当一个应用需要将域名解析为 IP 地址时，这个应用便成为域名系统的一个客户。这个客户将待解析的域名放在一个 DNS 请求信息中，并将这个请求发给域名服务器。服务器从请求中取出域名，将它解析为对应的 IP 地址，然后在回答信息中将结果地址返回给应用。

因此，可以将 DNS 分为以下三个部分。

（1）域名

这是标识一组主机并提供相关信息的树结构的详细说明。树上的每个节点都有其控制下的主机相关信息的数据库。查询命令试图从这个数据库中提取适当的信息。这些信息是域名、

IP 地址、邮件别名等在 DNS 系统中能找到的内容。

（2）域名服务器

它们是保持和维护域名中数据的程序。由于域名服务是分布式的，每个域名服务器含有域名自己的完整信息，并保存其他有关部分的信息。一个域名服务器拥有其控制范围内的完整信息，其控制范围称为区（Zone），对于本区内的请求，由负责本区的域名服务器实现域名解析；对于其他区的请求，将由本区的域名服务器联系其他区的域名服务器实现域名解析。

（3）解析器

解析器是简单的程序或子程序库，它从服务器中提取信息以响应对域名中主机的查询，用于 DNS 客户端。

DNS 在因特网上通过一组略显复杂的权威根域名服务器来组织，它的其余部分则由较小规模的域名服务器组成，这些服务器提供少量的域名解析服务，并对域名信息进行缓存。RFC 1034（DNS 概念和工具）和 RFC 1035（DNS 实现及其标准）定义了 DNS 的基本协议。

2．DNS 域名

在域名系统中，每台计算机的域名由一系列用点分开的字母数字段组成。例如，某台计算机的 FQDN（Full Qualified Domain Name）为 www.tjtc.edu.cn，采用的是一种层次化结构。FQDN 的格式为主机名.企业名.机构类型.地理域。以 www.tjtc.edu.cn 这个域名为例，cn 表示的是地理域，即中国；edu 表示网络机构类型是教育网；tjtc 是企业（单位）注册时的名称，要求是唯一的，以前有企业进行域名抢注，主要抢注的就是这个，tjtc 是天津职业大学在进行域名注册时选择的名称；www 是指这个企业（单位）中的一台主机，通常是 Web 服务器所部署的主机。常见的机构类型和地理域信息如表 8-1 所示。

表 8-1　常见机构类型和地理域信息

机构类型				地理域			
域	用途	域	用途	域	说明	域	说明
com	商业组织	cc	商业公司	CN	中国	US	美国
edu	教育组织	biz	商业	CA	加拿大	UK	英国
net	网络组织	coop	企业	FA	法国	JP	日本
mil	军事机构	info	信息服务	IT	意大利	KR	韩国
gov	政府机构	name	个人	DE	德国	AU	澳大利亚
org	非商业机构	pro	会计、律师	CH	瑞士	RU	俄罗斯
int	国际组织	tv	宽频服务	SG	新加坡	TW	中国台湾地区
museum	博物馆	arpa	IP 地址树	ES	西班牙	QA	卡塔尔

因为因特网发源于美国，所以美国的地理域 us 通常会被省略，例如 www.linux.org。如果我们想要在中国注册一个以 .cn 结尾的域名，可以到中国互联网络信息中心的官网进行注

册，其主页如图 8-1 所示。

◎ 图 8-1　中国互联网络信息中心网站

8.1.2　DNS 服务器类型

DNS 服务器是一个分布式数据库系统，理论上来说，全世界所有 DNS 数据库应该是一致的。DNS 服务器的类型主要有三种，分别是主域服务器、辅域服务器和 Caching only 域名服务器。

1.　主域服务器

每个 DNS 域都一定要有一个主域服务器。主域服务器包含了本域内所有主机名，以及与其对应的 IP 地址、别名等信息。

主域服务器可以使用所在区的信息来回答客户端的查询，它通常也需要通过询问其他的域名服务器来获得所需要的信息，主域服务器的信息以资源记录的形式进行存储。

管理员分配域名通常是在主域服务器上完成的。

2.　辅域服务器

为了提高查询速度及提供信息冗余，通常会在一定的范围或机构内部署辅域服务器。辅域服务器通常不能配置域名，它的数据库信息是与主域服务器同步获取的。

3.　Caching only 域名服务器

Caching only 域名服务器不提供任何关于区的权威信息，当用户向它发出询问时，仅仅转发给其他的域名服务器直到得到答案，并把答案在自己的 Cache 中保存一段时间。这样当客户端发出同样的询问时，它直接用 Cache 中的信息来回答，而无须询问转发给其他的域名服务器。Caching only 域名服务器通常是为了减少 DNS 的传输量而建立的。

8.2 DNS 工作原理

8.2.1 DNS 工作机制

1. 域名的委托管理机制

DNS 服务的管理不是集中的，它的层次结构允许将整个管理任务分成多份，分别由每个子域自行管理，也就是说，DNS 允许将子域授权给其他组织进行管理。这样，被委托的子域必有自己的域名服务器，该子域的域名服务器维护属于该子域的所有主机信息，并负责回答所有的相关查询。一个组织一旦被赋予管理自己的域的责任，就可以将自己的域分成更小的域，并将其中的某些子域委托出去。将子域的管理委托给其他组织，实际上就是将 DNS 数据库中属于这些子域的信息存放到各自的域名服务器上。此时，父域名服务器上不再保留子域的所有信息，而只保留指向子域的指针。也就是说，当查询属于某个域的相关信息时，父域的服务器不能直接回答查询的信息，但知道该由谁来回答。

采用委托管理主要有以下优点。

- 工作负载均衡。将 DNS 数据库分配到各个子域的域名服务器上，大幅度降低了上级或顶级域名服务器进行名字查询的负载。
- 提高了域名服务器的响应速度。负载均衡使得查询的时间大幅度缩减。
- 提高了网络带宽的利用率。由于数据库的分散性使得服务器与本地接近，减少了带宽资源的浪费。

2. DNS 区域（Zone）

为了便于根据实际情况分散域名管理工作的负载，可将 DNS 域名划分为区域来进行管理。区域是 DNS 服务器的管辖范围，是由单个域或具有上下隶属关系的紧密相邻的多个子域组成的一个管理单位。DNS 服务器便是以区域为单位来管理域名的，而不是以域为单位的。

一台 DNS 服务器可以管理一个或多个区域，而一个区域也可以由多台 DNS 服务器来管理。DNS 允许 DNS 域名分成几个区域，这些区域中存储着有关一个或多个 DNS 域的名称信息。在 DNS 服务器中必须先建立区域，再在区域中建立子域，然后才是在区域或子域中添加主机等各种记录。

8.2.2 DNS 查询模式

DNS 的查询模式主要有两种，分别是递归查询和迭代查询。

1. 递归查询（Recursive Query）

当收到 DNS 工作站的查询请求后，本地 DNS 服务器只会向 DNS 工作站返回两种信息：要么是在该 DNS 服务器上查到的结果，要么是查询失败。当在本地 DNS 服务器中找不到结果时，该 DNS 服务器不会主动地告诉 DNS 工作站另外的 DNS 服务器的地址，而是由域名服务器系统自行完成名字和 IP 地址转换，即利用服务器上的软件来请求下一个服务器。如果其他 DNS 服务器解析该查询也失败，就告知客户端查询失败。当本地域名服务器利用服务器上的软件来请求下一个服务器时，使用"递归"算法进行继续查询，递归查询因此而得名。一般由 DNS 工作站向 DNS 服务器提出的查询请求都属于递归查询。递归查询流程如图 8-2 所示。

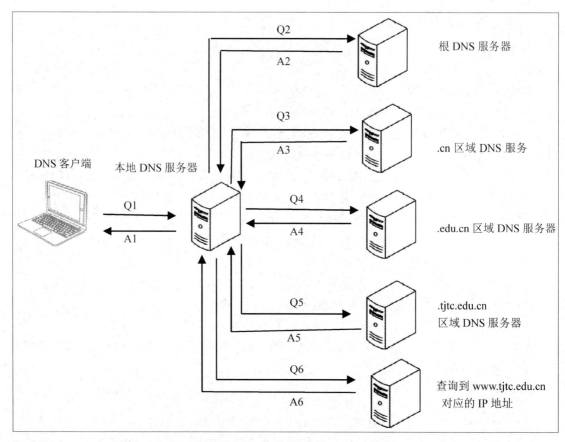

◎ 图 8-2　DNS 递归查询流程

递归查询流程描述如下。

①客户端向本机配置的本地域名服务器发起 DNS 域名查询请求。

②本地域名服务器收到请求后，会先查询本地缓存，如果有记录值会直接返给客户端；如果没有记录，则本地域名服务器会向根域名服务器发起请求。

③根域名服务器收到请求后，会根据所要查询域名中的后缀将所对应的域名服务器（如 .com、.cn 等）返给本地域名服务器。

④本地域名服务器根据返回结果向所对应的域名服务器发起查询请求。

⑤对应的域名服务器在收到 DNS 查询请求后，也是先查询自己的缓存，如果有所请求域名的解析记录，则会直接将记录返给本地域名服务器，然后本地域名服务器再将记录返给客户端，完成整个 DNS 解析过程。

⑥如果上一步查询的域名服务器中没有记录值，就会将下一级域名对应的服务器地址返给本地域名服务器，本地域名服务器再次对下一级域名服务器发起请求，以此类推，直到最终对应区域的权威域名服务器返回结果给本地域名服务器。然后本地域名服务器将记录值返给 DNS 客户端，同时缓存本地查询记录，以便在 TTL 值内用户再次查询时直接将记录返给客户端。

2. 迭代查询（Iterative Query）

当收到 DNS 工作站的查询请求后，如果在 DNS 服务器中没有查到所需要的数据，该 DNS 服务器便会告诉 DNS 工作站另外一台 DNS 服务器的 IP 地址，然后由 DNS 工作站自行向此 DNS 服务器查询，以此类推，直到查到所需数据为止。如果到最后一台 DNS 服务器都没有查到所需要的数据，则通知 DNS 工作站查询失败。"迭代"的意思就是若在某地查不到，该地就会告诉你其他地方的地址，让你转到其他地方去查，其查询过程如图 8-3 所示。

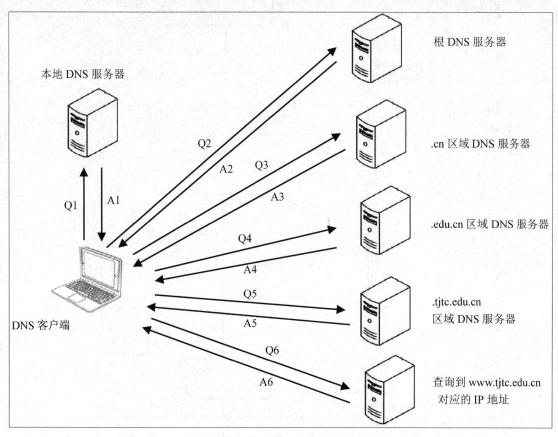

◎ 图 8-3　DNS 迭代查询流程

迭代查询时，客户端首先向本地域名服务器发起请求，如果本地域名服务器没有缓存记录，客户端便会依次对根域名服务器、二级域名服务器等发起迭代查询，直到获得最终的查询结果。

8.2.3　DNS 解析过程

为了将一个域名解析成一个 IP 地址，客户端应用程序会调用一个解析器的库程序，将名字作为参数传递给它，形成 DNS 客户端，然后 DNS 客户端发送查询请求给本地域名服务器，服务器首先在其管辖区域内查找名字，名字找到后，把对应的 IP 地址返给客户端。完整的域名解析过程如图 8-4 所示。

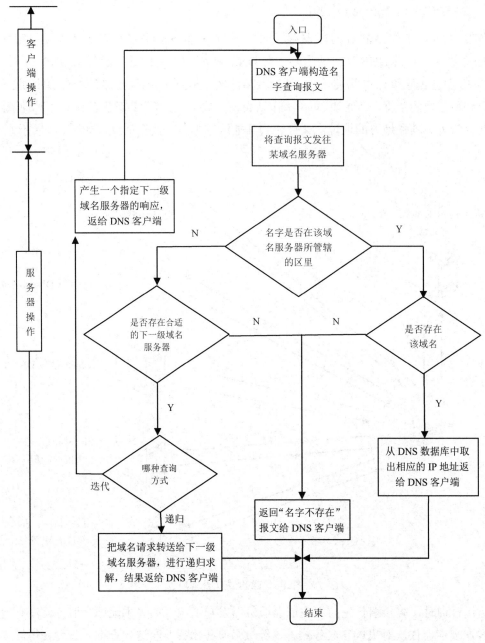

◎ 图 8-4 域名解析过程

8.3 DNS 服务器安装与配置

8.3.1 BIND 简介

BIND 的全称是 Berkeley Internet Name Domain，是美国加利福尼亚大学伯克利分校开发的一个域名服务器软件包，Linux 使用这个软件包来提供域名服务。BIND 包括以下三个部分。

1. named 守护进程

BIND 的服务端软件是名为 named 的守护进程，其主要功能如下：

- 若查询的主机名与本地区域信息中相应的资源记录匹配，则使用该信息来解析主机名并为客户机做出应答（UDP:53）。
- 若本地区域信息中没有要查询的主机名，默认会以递归方式查询其他 DNS 服务器并将其响应结果缓存于本地。
- 执行"区传输（zone transfer）"，在服务器之间复制 zone 数据（TCP:53）。

2. 解析器库程序

解析器库程序负责联系 DNS 服务器实现域名的解析。

3. 命令执行接口

常用的 DNS 命令行执行接口包括 nslookup、host 和 dig 等。

8.3.2 BIND 安装

CentOS 9 系统默认并没有安装 BIND 组件，但在系统安装光盘中提供了相应的 RPM 包。在系统光盘的 Packages 目录下使用 ls 命令查询 BIND 组件，显示结果如下：

```
[root@office Packages]# ls bind* -l
-r--r--r--. 1 root root  517004  4 月 29  2022 bind-9.16.23-3.el9.x86_64.rpm
-r--r--r--. 1 root root   22845  4 月 29  2022 bind-chroot-9.16.23-3.el9.x86_64.rpm
-r--r--r--. 1 root root   49065  4 月 29  2022 bind-dnssec-doc-9.16.23-3.el9.noarch.rpm
-r--r--r--. 1 root root  121267  4 月 29  2022 bind-dnssec-utils-9.16.23-3.el9.x86_64.rpm
-r--r--r--. 1 root root  109826 12 月  8  2021 bind-dyndb-ldap-11.9-7.el9.x86_64.rpm
-r--r--r--. 1 root root 1300956  4 月 29  2022 bind-libs-9.16.23-3.el9.x86_64.rpm
-r--r--r--. 1 root root   15821  4 月 29  2022 bind-license-9.16.23-3.el9.noarch.rpm
-r--r--r--. 1 root root  214160  4 月 29  2022 bind-utils-9.16.23-3.el9.x86_64.rpm
```

- bind：BIND 的主安装包。
- bind-chroot：BIND 的 chroot 环境软件包。
- bind-utils：提供了域名服务的检测工具。

使用 rpm 命令安装时通常需要解决软件包依赖的问题，所以建议使用 YUM 方式进行安装。可以直接在系统联网的状态下安装，也可以把光盘安装文件配置成本地 YUM 源，安装命令如下：

```
[root@office /]# yum install -y bind bind-utils
CentOS Stream 9 - BaseOS                              2.5 MB/s | 6.0 MB     00:02
CentOS Stream 9 - AppStream                           1.5 MB/s | 16 MB     00:10
上次元数据过期检查：0:00:01 前，执行于 2023 年 02 月 01 日 星期三 21 时 09 分 16 秒。
软件包 bind-utils-32:9.16.23-7.el9.x86_64 已安装。
依赖关系解决。
========================================================================================
软件包            架构           版本                 仓库           大小
========================================================================================
```

安装：

bind	x86_64	32:9.16.23-7.el9	appstream	503 k

安装依赖关系：

bind-dnssec-doc	noarch	32:9.16.23-7.el9	appstream	47 k
python3-bind	noarch	32:9.16.23-7.el9	appstream	69 k
python3-ply	noarch	3.11-14.el9	appstream	106 k

安装弱的依赖：

bind-dnssec-utils	x86_64	32:9.16.23-7.el9	appstream	118 k

事务概要

===

安装 5 软件包

总下载：843 k
安装大小：2.5 M
下载软件包：

(1/5): bind-dnssec-utils-9.16.23-7.el9.x86_64.rpm	1.0 MB/s	118 kB	00:00
(2/5): python3-bind-9.16.23-7.el9.noarch.rpm	2.5 MB/s	69 kB	00:00
(3/5): python3-ply-3.11-14.el9.noarch.rpm	2.2 MB/s	106 kB	00:00
(4/5): bind-dnssec-doc-9.16.23-7.el9.noarch.rpm	38 kB/s	47 kB	00:01
(5/5): bind-9.16.23-7.el9.x86_64.rpm	275 kB/s	503 kB	00:01

总计	388 kB/s	843 kB	00:02

运行事务检查
事务检查成功。
运行事务测试
事务测试成功。
运行事务

准备中：	1/1
安装 : python3-ply-3.11-14.el9.noarch	1/5
安装 : python3-bind-32:9.16.23-7.el9.noarch	2/5
安装 : bind-dnssec-doc-32:9.16.23-7.el9.noarch	3/5
安装 : bind-dnssec-utils-32:9.16.23-7.el9.x86_64	4/5
运行脚本 : bind-32:9.16.23-7.el9.x86_64	5/5
安装 : bind-32:9.16.23-7.el9.x86_64	5/5
运行脚本 : bind-32:9.16.23-7.el9.x86_64	5/5
验证 : bind-32:9.16.23-7.el9.x86_64	1/5
验证 : bind-dnssec-doc-32:9.16.23-7.el9.noarch	2/5
验证 : bind-dnssec-utils-32:9.16.23-7.el9.x86_64	3/5
验证 : python3-bind-32:9.16.23-7.el9.noarch	4/5
验证 : python3-ply-3.11-14.el9.noarch	5/5

已安装：

bind-32:9.16.23-7.el9.x86_64	bind-dnssec-doc-32:9.16.23-7.el9.noarch
bind-dnssec-utils-32:9.16.23-7.el9.x86_64	python3-bind-32:9.16.23-7.el9.noarch

python3-ply-3.11-14.el9.noarch

完毕!

表 8-2 中列出了与 DNS 服务相关的文件。

表 8-2 与 DNS 服务相关的文件

分类	文件	说明
守护进程	/usr/sbin/named	DNS 服务守护进程
管理工具	/usr/sbin/rndc	BIND 的控制工具
	/usr/sbin/named-checkconf	配置文件语法检查工具
	/usr/sbin/named-checkzone	区文件检查工具
systemd 的服务配置单元	/usr/lib/systemd/system/named.service	named 服务单元配置文件
	/usr/lib/systemd/system/named-setup-mdc.service	生成 RNDC 所需要密钥的单元配置文件
配置文件	/etc/named.conf	主配置文件
	/var/named	区数据库文件存储目录
文档	/usr/share/doc/bind/sample	配置文件模板目录

BIND 的守护进程名是 named，可以使用 systemctl 命令管理：

```
#systemctl {start|stop|restart|reload} named
#systemctl {enable|disable}named
```

用户还可以使用 RNDC（Remote Name Daemon Control）管理 BIND。

RNDC 与 BIND 的通信是利用基于共享加密的数字签名技术来实现的，所以要让 RNDC 控制 BIND，必须配置验证密钥。验证密钥存在于配置文件中，提供了两种配置方法。

- 方法 1：让 RNDC 和 BIND 都参考同一个配置文件中指定的密钥，在 CentOS 中这个文件默认为 /etc/rndc.key。
- 方法 2：分别在 BIND 的主配置文件（默认为 /etc/named.conf）和 RNDC 的配置文件（默认为 /etc/rndc.conf）中指定密钥。

RNDC 可以完成如下任务。

- 重新加载配置文件。
- 查看 named 当前运行状态。
- 转储服务器缓存信息。
- 将服务器转入调试模式等。

RNDC 常用的子命令如表 8-3 所示。

表 8-3 RNDC 常用的子命令

子命令	说明
status	显示当前运行的 named 的状态
reload	重新加载主配置文件和所有区文件
stop	停止 named 服务且保存未做完的更新
flush	清除域名服务器缓存中的内容

子命令	说明
retransfer <zone>	重新从主服务器传输指定的区
stats	将统计信息写入文件 /var/named/data/named.stats.txt 中
dumpdb	将服务器缓存中的信息转储到 /var/named/data/cache_dump.db 中
trace	将 named 的调试等级加 1
trace <level	直接设置 named 的调试等级
notrace	将 named 的调试等级设为 0，即关闭调试

8.3.3 域名服务器配置语法

1. 主配置文件 named.conf

主配置文件 named.conf 可以使用以下三种风格的注释。

- /* C 语言风格的注释 */
- // C++ 语言风格的注释
- # Shell 语言风格的注释

（1）named.conf 的配置语句

表 8-4 中列出了一些 named.conf 可用的配置语句。

表 8–4　主配置文件 named.conf 的配置语句

配置语句	说明
acl	定义 IP 地址的访问控制列表
controls	定义 RNDC 命令使用的控制通道
include	将其他文件包含到本配置文件中
key	定义授权的安全密钥
logging	定义日志的记录规范
options	定义全局配置选项
server	定义远程服务器的特征
trusted-keys	为服务器定义 DNSSEC 加密密钥
zone	定义一个区声明

（2）全局配置语句 options

named.conf 文件的全局配置语句的语法格式如下：

options (
　　配置子句；
　　配置子句；
);

表 8-5 中列出了一些常用的全局配置子句。

表 8–5　主配置文件 named.conf 常用的全局配置子句

子句	说明
listen-on	指定服务监听的 IPv4 网络接口，默认监听本机所有 IPv4 网络接口
listen-on-v6	指定服务监听的 IPv6 网络接口，默认监听本机所有 IPv6 网络接口
recursion yes|no	是否使用递归式 DNS 服务器，默认为 yes
dnssec-enable yes|no	是否返回 DNSSEC 相关的资源记录
dnssec-validation yes|no	确保资源记录是经过 DNSSEC 验证为可信的，默认为 yes
max-cache-size	指定服务器缓存可以使用的最大内存，默认值为 32MB
directory "path"	定义服务器区配置文件的工作目录，默认为 /var/named
forwarders {IPaddr}	定义转发器，指定上游 DNS 服务器列表
forward only|first	指定如何使用转发器，first 表示优先使用 forwarders 指定的 DNS 服务器做名解析，如果查询不到再使用本地 DNS 服务器做域名解析；only 表示只使用 forwarders 指定的 DNS 服务器做域名解析，如果查询不到则返回 DNS 客户端查询失败

（3）区（Zone）声明

区声明是配置文件中最重要的部分，声明的语法格式如下：

zone "zone-name" IN (

　　　　type 子句；

　　　　type 子句；

　　　其他子句；

）；

区声明需要说明域名、服务器的类型和域信息源，表 8-6 中列出了常用的区声明子句。

表 8–6　主配置文件 named.conf 常用的区声明子句

子句	说明
type master|hint|slave	说明一个区的类型。 master：说明一个区为主域名服务器。 hint：说明一个区为启动时初始化高速缓存的域名服务器。 slave：说明一个区为辅助域名服务器
file "filename"	说明一个区域的信息源数据库的文件名
masters	对于 slave 服务器，指定 master 服务器的地址

（4）定义和使用 ACL

ACL（访问控制列表）就是一个被命名的地址匹配列表。使用 ACL 可以使配置简单而清晰，一次定义之后可以在多处使用，不会使配置文件因为大量的 IP 地址而变得混乱。要定义 ACL，可以使用 acl 语句来实现。acl 语句的语法格式如下：

acl acl_name {

　address-match_list;　　// 用分号间隔的 IP 地址或 CIDR

};

acl 语句在使用时要注意以下几点。

• acl 是 named.conf 中的顶级语句，不能将其嵌入其他语句。

• 要使用用户自定义的访问控制列表，必须在使用之前定义。因为不可以在 options 语句里使用访问控制列表，所以定义访问控制列表的 acl 语句应该位于 options 语句之前。
- 为了便于维护管理员定义的访问控制列表，可以将所有定义 ACL 的语句存放在单独的文件 /etc/named/named.acls 中，然后在主配置文件 /etc/named.conf 的开始处添加 include "/etc/named/named.acls" 配置行。

定义了 ACL 之后，可以在表 8-7 所示的语句中使用。在这些语句中可以直接指定 IP 地址或 CIDR 形式的网络地址，也可以引用已定义的 ACL。

表 8-7 可以使用 ACL 的配置语句

语句	适用范围	说明
allow-query	options,zone	指定哪些主机或网络可以查询本服务器上的权威资源记录，默认允许所有主机查询
allow-query-cache	options,zone	指定哪些主机或网络可以查询本服务器上的非权威资源记录（经过递归查询获取的资源记录），默认允许 localhost 和 localnets 查询
allow-transfer	options,zone	指定允许哪些主机和本地服务器进行域传输，默认允许所有主机进行域传输
allow-update	zone	指定允许哪些主机为主域名服务器提交动态 DNS 更新。默认拒绝任何主机进行更新
blackhole	options	指定不接收来自哪些主机的查询请求和地址解析。默认值是 none

表 8-7 中列出的一些配置语句既可以出现在全局配置 options 语句里，又可以出现在 zone 声明语句里，当在两处同时出现时，zone 声明语句中的配置将会覆盖全局配置 options 语句中的配置。BIND 里预定义了 4 个地址匹配列表，分别是 any（所有主机）、localhost（本地主机）、localnets（本地网络上的所有主机）、none（不匹配任何主机）。它们可以直接使用，无须用户使用 acl 语句定义。

2. 区文件

区文件定义了一个区的域名信息，通常也称域名数据库文件。区文件保存在 BIND 的工作目录 /var/named 中。表 8-8 中列出了 /var/named 目录布局。

表 8-8 /var/named 目录布局

目录	说明
/var/named	named 服务的工作目录。存放本地服务器的权威区数据库文件。在 named 运行期间不能写此目录
/var/named/slaves	存放由主服务器传输而来的辅助服务器的区数据库文件。在 named 运行期间能写此目录
/var/named/dynamic	存放动态数据，如动态 DNS 区文件或 DNSSEC 密钥文件。在 named 运行期间能写此目录
/var/named/data	存放各种状态文件和调试文件。在 named 运行期间能写此目录
/var/named/chroot	BIND 的 chroot jail 环境根目录

每个区文件都是由若干个资源记录（Resource Records，RR）和区文件命令所组成的。

（1）资源记录

每个区文件都是由 SOA RR 开始的，同时包括 NS RR。对于正向解析文件还包括 A RR、MX RR、CNAME RR 等；而对于反向解析文件还包括 PTR RR。

RR 具有基本的格式。标准资源记录的基本格式如下：

[name]   [ttl]   IN   type   rdata

各个字段之间由空格或制表符分隔。表 8-9 中列出了这些字段的含义。

表 8–9 标准资源记录中字段的含义

字段	说明
name	资源记录引用的域对象名，可以是一台单独的主机，也可以是整个域 ：　　　　　根域 @：　　　　默认域，可以在文件中使用￥ORIGIN domain 来说明默认域 标准域名：　全域名必须以 "." 结束，或是针对默认域 @ 的相对域名 空：　　　　该记录使用最后一个带有名字的域对象
ttl(time to live)	生命字段。它以秒为单位定义该资源记录中的信息存放在高速缓存中的时间长度，省略此字段的话表示使用 $TTL 命令指定的值
IN	将该记录标识为一个 Internet DNS 资源记录
type	指定资源记录类型
rdata	指定与这个资源记录有关的数据，数据字段的内容取决于类型字段

表 8-10 中列出了常见的标准资源记录类型。

表 8–10 常见的标准资源记录类型

	类型	说明
区记录	SOA（Start of Authority）	SOA 记录标示一个授权区定义的开始 SOA 记录后的所有信息是控制这个区的
	NS（Name Server）	标识区的域名服务器及授权子域
基本记录	A（Address）	用于将主机名转换为 IPv4 地址
	AAAA（Address IPv6）	用于将主机名转换为 IPv6 地址
	PRT（Point TeR）	将 IP 地址转换为主机名
	MX（Mail eXchanger）	邮件交换记录。控制邮件的路由
安全记录	KEY（Public Key）	存储一个关于 DNS 名称的公钥
	NXT（Next）	与 DNSSEC 一起使用，用于指出一个特定名称不在域中
	SIG（Signature）	指出带签名和身份认证的区信息
可选记录	CNAME（Canonical NAME）	给定主机的别名，主机规范名在 A 记录中给出
	SRV（Services）	描述知名网络服务的信息
	TXT（Text）	注释或非关键的信息

表 8-11 中描述了常见的资源记录。

表 8–11 常见的资源记录

语法	举例
@ IN SOA Primary-name-server Contact-email(SerialNumber; 当前区配置数据的序列号 time-to-Refresh; 辅助域名服务器多长时间更新数据库 time-to-Retry; 若辅助域名服务器更新数据失败，则多长时间再试 time-to-Expire; 若辅助域名服务器无法从主服务器更新数据，则现有数据何时失效 minimum-TTL); 设置被缓存的否定回答的存活时间	@ IN SOA dns1.tjtc.edu.cn. admin.tjtc.edu.cn. (2023011001 6H 1H 1W 1D)

语法	举例
@ [ttl] IN NS nameserver-name	@ IN NS dns1
@ [ttl] IN MX preference-value email-server-name	@ IN MX 10 mail
hostname [ttl] IN A IP-Address	server1 IN A 211.68.224.5
last-IP-digit [ttl] IN PTR FQDN	5 IN PTR server1.tjtc.edu.cn.
alias-name [ttl] IN CNAME real-name	www IN CNAME server1

表 8-11 中相关字段说明如下。

- Contact-email 字段：因为 @ 在文件中有特殊含义，所以邮件地址 admin@tjtc.edu.cn 写成 admin.tjtc.edu.cn。
- SerialNumber 字段：可以是 32 位的任何整数，每当更新区文件时都应该增加此序列号的值，否则 named 将不会把区的更新数据传送到从服务器。
- 时间字段 Refresh、Retry、Expire、minimum 的默认单位为秒，还可以使用时间单位字符 M、H、D、W 分别表示分钟、小时、天、星期。
- 各个时间字段的经验值如下：
  - ➢ Refresh 使用 1~6 小时。
  - ➢ Retry 使用 20~60 分钟。
  - ➢ Expire 使用 1 周 ~1 月。
  - ➢ minimum 使用 1~3 小时。
- minumum-TTL 字段：设置被缓存的否定回答的存活时间，而肯定回答（即真实记录）的默认值是在区文件开始处用 $TTL 语句设置的。

（2）区文件命令

表 8-12 中列出了可以在区文件中使用的 4 个区文件命令。

表 8-12　区文件命令

用途	区文件命令	说明
简化区文件结构	$INCLUDE	读取一个外部文件并包含它
	$GENERATE	用来创建一组 NS、CNAME 或 PTR 类型的 RR
由资源记录使用的值	$ORIGIN	设置管理源
	$TTL	为没有定义精确生存期的 RR 定义默认的 TTL 值

实验：配置企业自己的 DNS 服务器

实验目标

- 了解 DNS 服务器的作用

- 了解 DNS 服务器的类型
- 掌握 DNS 服务器的安装
- 掌握 DNS 服务器的配置

实验任务描述

任务七的实验中，公司搭建了一个内部使用的 Web 服务器，但是只能使用 IP 地址进行访问，这样不方便记录，也与使用因特网的方式不一样。可以通过搭建一台自己的 DNS 服务器，为公司内部进行域名解析，从而可以使用域名访问公司内部的服务器。

实验环境要求

- Windows 桌面操作系统（建议使用 Windows 10）
- CentOS 9 操作系统

实验步骤

第 1 步：域名规划。任务七的实验中搭建的公司 Web 服务器的地址为 192.168.232.200。现在需要为公司规划一个域名，因为是在公司内部使用，所以可以自己来设置域名。为了便于实验和理解，这里除了解析 Web 站点，还添加了一些测试域名。域名配置如表 8-13 所示。

表 8–13　企业域名规划

主机	域名	IP 地址	别名
Web 服务器	www.future.com	192.168.232.200	web.future.com
FTP 服务器	ftp.future.com	192.168.232.201	
邮件服务器	mail.mymail.net	192.168.200.100	
打印服务器	print.future.com	192.168.232.210	

第 2 步：安装 BIND 服务。前面课程里已经讲解了 BIND 的安装，可以查看一下当前系统中是否已完成 BIND 软件包的安装，如图 8-5 所示。

```
[root@localhost /]# rpm -qa | grep bind
bind-license-9.16.23-7.el9.noarch
bind-libs-9.16.23-7.el9.x86_64
bind-utils-9.16.23-7.el9.x86_64
python3-bind-9.16.23-7.el9.noarch
bind-dnssec-doc-9.16.23-7.el9.noarch
bind-dnssec-utils-9.16.23-7.el9.x86_64
bind-9.16.23-7.el9.x86_64
[root@localhost /]#
```

◎ 图 8-5　查询是否安装 BIND 软件包

通过查询结果可以看到已经完成 BIND 软件包的安装。

第 3 步：启动 named 服务，如图 8-6 所示。

Linux 基础与应用实践

```
[root@localhost /]# systemctl start named
[root@localhost /]# systemctl status named
● named.service - Berkeley Internet Name Domain (DNS)
     Loaded: loaded (/usr/lib/systemd/system/named.service; disabled; preset: disabled)
     Active: active (running) since Mon 2023-03-20 21:02:35 CST; 6s ago
    Process: 4803 ExecStartPre=/bin/bash -c if [ ! "$DISABLE_ZONE_CHECKING" == "yes" ]; then /usr/sbin/named▶
    Process: 4805 ExecStart=/usr/sbin/named -u named -c ${NAMEDCONF} $OPTIONS (code=exited, status=0/SUCCESS)
   Main PID: 4806 (named)
      Tasks: 6 (limit: 22876)
     Memory: 30.1M
        CPU: 55ms
     CGroup: /system.slice/named.service
             └─4806 /usr/sbin/named -u named -c /etc/named.conf

3月 20 21:02:35 localhost named[4806]: network unreachable resolving './DNSKEY/IN': 2001:500:2f::f#53
3月 20 21:02:35 localhost named[4806]: network unreachable resolving './NS/IN': 2001:500:2f::f#53
3月 20 21:02:35 localhost named[4806]: network unreachable resolving './DNSKEY/IN': 2001:500:2::c#53
3月 20 21:02:35 localhost named[4806]: network unreachable resolving './NS/IN': 2001:500:2::c#53
3月 20 21:02:35 localhost named[4806]: zone 1.0.0.0.0.0.0.0.0.0.0.0.0.0.0.0.0.0.0.0.0.0.0.0.0.0.0.0.0.0.0.0.▶
3月 20 21:02:35 localhost named[4806]: all zones loaded
3月 20 21:02:35 localhost named[4806]: running
3月 20 21:02:35 localhost systemd[1]: Started Berkeley Internet Name Domain (DNS).
3月 20 21:02:36 localhost named[4806]: managed-keys-zone: Key 20326 for zone . is now trusted (acceptance ti▶
3月 20 21:02:37 localhost named[4806]: resolver priming query complete
lines 1-22/22 (END)
```

◎ 图 8-6　启动 named 服务

第 4 步：配置 named.conf 文件，命令如下。

[root@office ~]# vi /etc/named.conf

修改 listen-on 的参数为 any、allow-query 的参数为 any，如图 8-7 所示。

```
// See /usr/share/doc/bind*/sample/ for example named configuration files.
//

options {
        listen-on port 53 { any; };
        listen-on-v6 port 53 { ::1; };
        directory       "/var/named";
        dump-file       "/var/named/data/cache_dump.db";
        statistics-file "/var/named/data/named_stats.txt";
        memstatistics-file "/var/named/data/named_mem_stats.txt";
        secroots-file   "/var/named/data/named.secroots";
        recursing-file  "/var/named/data/named.recursing";
        allow-query     { any; };

        /*
         - If you are building an AUTHORITATIVE DNS server, do NOT enable recursion.
         - If you are building a RECURSIVE (caching) DNS server, you need to enable
           recursion.
         - If your recursive DNS server has a public IP address, you MUST enable access
           control to limit queries to your legitimate users. Failing to do so will
                                                                            21,1-8        2%
```

◎ 图 8-7　修改 named.conf 配置文件参数

第 5 步：定义解析区域。早期 BIND 版本是直接在 named.conf 文件中进行区域的设置，这个版本中是通过 include 文件加载相应区域文件，查看 named.conf 中的配置文件可以看到，如图 8-8 所示。

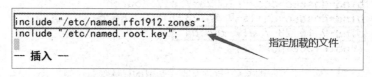

◎ 图 8-8　通过 include 加载区配置文件

第 6 步：编辑 named.rfc1912.zones 文件，命令如下。

[root@office ~]# vi /etc/named.rfc1912.zones

根据规划，添加 future.com 和 mymail.net 两个区域配置内容，如图 8-9 所示。

```
zone "localhost" IN {
        type master;
        file "named.localhost";
        allow-update { none; };
};

zone "future.com" IN {
        type master;
        file "future.com.zone";
        allow-update { none; };
};

zone "mymail.net" IN {
        type master;
        file "mymail.net.zone";
        allow-update { none; };
};
```

添加的两个区域配置信息

◎ 图 8-9 添加区域配置信息

第 7 步：在 /var/named/ 目录下创建正向解析文件 future.com.zone 和 mymailnet.zone，命令如下。

```
[root@office ~]# cd /var/named
[root@office named]# ls
data dynamic named.ca named.empty named.localhost named.loopback slaves
[root@office named]# cp named.localhost future.com.zone
[root@office named]# cp named.localhost mymail.net.zone
```

因为当前没有这两个区的配置文件，需要重新编写。也可以使用系统中提供的模板，简化编写操作。

第 8 步：修改 future.com.zone 文件，命令如下。

```
[root@office named]# vi future.com.zone
```

文件内容如图 8-10 所示。

```
$TTL 1D
@       IN SOA  @ future.com. (
                                2023020601      ; serial
                                1D      ; refresh
                                1H      ; retry
                                1W      ; expire
                                3H )    ; minimum
        NS      dns.future.com.
dns     A       192.168.232.200
www     A       192.168.232.200
ftp     A       192.168.232.201
print   A       192.168.232.210
web     CNAME   www.future.com.
~
```

◎ 图 8-10 future.com 区配置信息

第 9 步：修改 mymail.net.zone 文件，命令如下。

```
[root@office named]# vi mymail.net.zone
```

文件内容如图 8-11 所示。

```
$TTL 1D
@       IN SOA  @ mymail.net. (
                                    2023020602      ; serial
                                    1D      ; refresh
                                    1H      ; retry
                                    1W      ; expire
                                    3H )    ; minimum
        NS      dns.mymail.net.
dns     A       192.168.232.200
mail    A       192.168.200.100
```

◎ 图 8-11 mymail.net 区配置信息

第 10 步：因为 DNS 配置文件内容较多，在编写时容易出现输入错误，可以使用 named-checkconf 和 named-checkzone 命令进行语法检查，操作如下。

```
[root@office named]# named-checkconf /etc/named.conf
[root@office named]# named-checkzone future.com /var/named/future.com.zone
zone future.com/IN: loaded serial 2023020601
OK
[root@office named]# named-checkzone mymail.net /var/named/mymail.net.zone
zone mymail.net/IN: loaded serial 2023020602
OK
```

第 11 步：修改解析文件权限，命令如下。

```
[root@office named]# chmod 777 future.com.zone
[root@office named]# chmod 777 mymail.net.zone
```

第 12 步：重启 DNS 服务，操作命令如下。

```
[root@office named]# systemctl restart named
```

第 13 步：使用本机验证。先将本机的 DNS 服务器地址设置为本机地址，修改 /etc/NetworkManager/system-connections/ens33.nmconnection 文件，命令如下。

```
[root@office /]# vi /etc/NetworkManager/system-connections/ens33.nmconnection
```

具体内容修改如图 8-12 所示。

```
[ipv4]
#method=auto
method=manual
address1=192.168.232.200/24,192.168.232.2
address2=192.168.232.210/24
dns=192.168.232.200
```

◎ 图 8-12 修改 DNS 服务器地址

修改后重启网络，命令如下。

```
[root@office /]# nmcli c reload
[root@office /]# nmcli c up ens33
连接已成功激活（D-Bus 活动路径：/org/freedesktop/NetworkManager/ActiveConnection/7）
```

使用 nslookup 命令进行验证：

```
[root@office /]# nslookup
```

验证效果如图 8-13 所示，可见测试解析结果与规划一致。

第 14 步：使用客户机测试。将客户机网卡的 DNS 地址设置成配置了 DNS 服务器的 Linux 操作系统的地址，如图 8-14 所示。

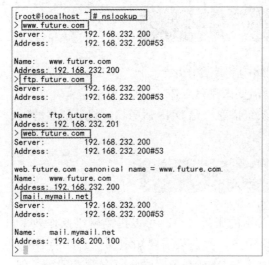

◎ 图 8-13 在本机进行 DNS 解析测试

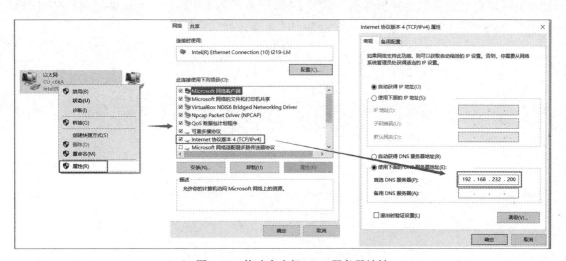

◎ 图 8-14 修改客户机 DNS 服务器地址

第 15 步：打开浏览器，输入域名进行测试，结果如图 8-15 所示。

◎ 图 8-15 使用域名访问公司内部网站

Linux 基础与应用实践

任务巩固

1．DNS 服务器在网络中起什么作用？
2．搭建 DNS 服务器需要做哪些工作？
3．使用 Linux 操作系统搭建一台 DNS 服务器，进行域名解析。

任务总结

DNS 服务是网络上常用的服务之一，可以提高网络操作效率，方便用户进行域名和 IP 地址转换。作为一般网络用户，我们只需要知道那些公共的 DNS 服务器，然后在自己的系统中指定相应的地址，由公共 DNS 服务器进行域名解析即可。但在公司内部网络中，网络管理员可以自己定义域名解析规则。掌握 DNS 服务器的工作原理，并能够搭建供公司内部使用的 DNS 服务器是网络运维人员必须掌握的重要技能。

· 214 ·

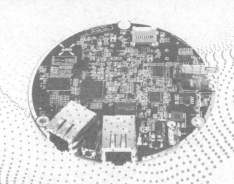

参考文献

[1] 刘忆智，等. Linux 从入门到精通 [M]. 2 版. 北京：清华大学出版社，2014.

[2] 王亚飞，王刚. CentOS 7 系统管理与运维实战 [M]. 北京：清华大学出版社，2016.

[3] 梁如军，等. Linux 基础及应用教程：基于 CentOS 7[M]. 2 版. 北京：机械工业出版社，
2016.

反侵权盗版声明

　　电子工业出版社依法对本作品享有专有出版权。任何未经权利人书面许可，复制、销售或通过信息网络传播本作品的行为；歪曲、篡改、剽窃本作品的行为，均违反《中华人民共和国著作权法》，其行为人应承担相应的民事责任和行政责任，构成犯罪的，将被依法追究刑事责任。

　　为了维护市场秩序，保护权利人的合法权益，我社将依法查处和打击侵权盗版的单位和个人。欢迎社会各界人士积极举报侵权盗版行为，本社将奖励举报有功人员，并保证举报人的信息不被泄露。

举报电话：（010）88254396；（010）88258888

传　　真　（010）88254397

E-mail：　dbqq@phei.com.cn

通信地址：北京市万寿路 173 信箱

　　　　　电子工业出版社总编办公室

邮　　编：100036